L'Aviation

Directeur général : John Owen
Président : Terry Newell
Éditeur : Sheena Coupe
Direction éditoriale : Rosemary McDonald
Direction artistique : Sue Burk
Conception : Mark Nichols
Coordination recherche iconographique : Jenny Mills
Recherche iconographique : Annette Crueger
Coordination illustrations : Peter Barker
Directrice de fabrication : Caroline Webber
Assistante de fabrication : Kylie Lawson
Vice-directeur général, responsable des ventes internationales : Stuart Laurence

Texte : Terry Gwynn-Jones

Illustrations : Christer Eriksson, Alan Ewart, Greg Gillespie, Mike Gorman, Terry Hadler, Langdon G. Halls, David Kirshner, Mike Lamble, Alex Lavroff, Kent Leech, Ulrich Lehmann, Oliver Rennert, John Richards, Trevor Ruth, Steve Seymour, Ray Sim, Steve Trevaskis, Ross Watton/Garden Studio, Rod Westblade

Consultant :
Donald Lopez
Senior advisor (conseiller) Emeritus
National Air and Space Museum
Smithsonian Institution, Washington DC

Édition française :

Adaptation : Laurent Piolet

ISBN : 2-09-277233-3
Numéro d'éditeur : 10105297
Dépôt légal : septembre 2003

Composition : PFC-Dole
Imprimé en Chine

LES CLÉS DE LA CONNAISSANCE

L'Aviation

adapté par par Laurent Piolet

NATHAN

Sommaire

• COMMENT VOLE-T-ON ? •

• LE VOL NATUREL •

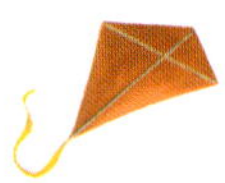

• LE VOL SILENCIEUX •

• LES PIONNIERS •

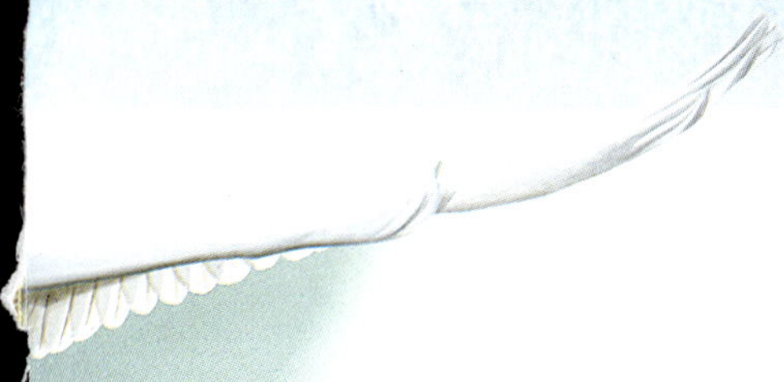

• COMMENT ÇA MARCHE ? •

• L'AVIATION DANS TOUS SES ÉTATS •

VOL EN FORMATION
Lors de leurs migrations, les oies forment souvent un V en vol. Les oiseaux de tête effectuent un travail plus important pour vaincre la résistance de l'air, abritant le reste du groupe derrière eux. Lorsqu'ils fatiguent, ils sont remplacés. Les hommes agissent de même lorsqu'ils roulent en file indienne à bicyclette. Chacun se relaie en tête à tour de rôle.

DÉCOLLAGE
Les cygnes sont parmi les oiseaux les plus lourds. Pour décoller, ils courent longtemps sur l'eau en battant des ailes jusqu'à ce qu'elles soient en mesure de les porter. De la même manière, plus un avion est chargé, plus il lui faut une piste longue pour décoller.

Principes du vol

Qui n'a jamais regardé les oiseaux voler dans le ciel en s'étonnant de la facilité avec laquelle ils semblent évoluer ? Pendant des siècles, les hommes ont rêvé de les imiter. Certains ont même tenté de se construire des ailes et se sont désespérément écrasés. Le corps humain ne comporte pas les muscles nécessaires pour effectuer un battement d'ailes. Les pionniers de l'aviation ont compris qu'avant de tenter de voler, il fallait étudier le vol des oiseaux. Ils découvrirent que leurs ailes n'étaient pas plates mais incurvées, elles formaient un profil. L'air, en s'écoulant sur ce profil, crée une force, la portance, capable d'équilibrer le poids. C'est ainsi que volent les « plus-lourds-que-l'air », les oiseaux et les avions. Les ballons et les dirigeables sont des « plus-légers-que-l'air », leur enveloppe est gonflée d'air chaud ou d'hélium, gaz plus légers que l'air ambiant.

LE SAVAIS-TU ?

Les hydrofoils produisent une portance dans l'eau analogue à celle que crée une aile en l'air. Les hydroglisseurs glissent ainsi sur l'eau à grande vitesse.

BIEN PLUS LOURD QUE L'AIR !
Bien que cet hydravion Boeing soit beaucoup plus lourd qu'un cygne, son aile agit de la même manière au décollage. Passé une certaine vitesse, elle crée la portance nécessaire pour soulever l'avion.

PROFIL PARFAIT
Cette coupe montre le profil d'une aile d'oiseau.

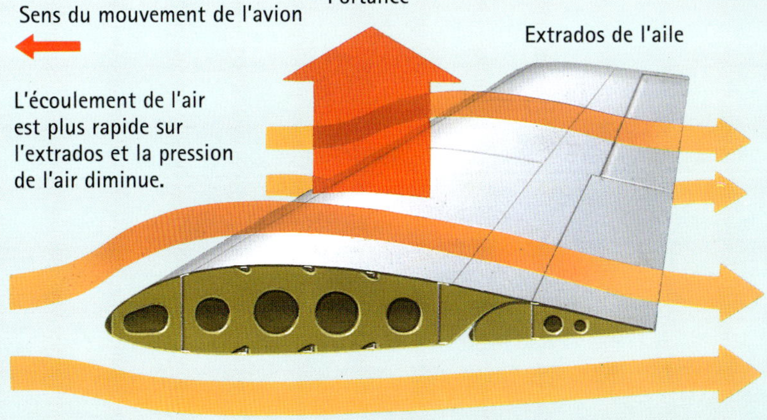

L'écoulement de l'air est moins rapide sur l'intrados, ce qui augmente la pression de l'air sous l'aile.

Force Élévatrice

Ce schéma montre comment le profil dissymétrique d'une aile d'avion agit. En s'écoulant à des vitesses différentes au-dessus de l'aile (extrados) et en dessous (intrados), le flot d'air crée une différence de pression qui soulève l'aile.

DÉMONSTRATION
Prends une feuille de papier et tiens-la comme indiqué ci-dessus. Souffle fort sur le dessus de la feuille et tu la verras se dresser en l'air. La feuille a agi comme un profil d'aile : une portance s'est créée et l'a soulevée.

Nés pour voler

Bien que n'étant pas les seuls animaux capables de voler, les oiseaux sont ceux qui volent le plus haut, le plus loin et le plus longtemps. Certaines espèces peuvent traverser des continents et des océans entiers durant leurs vols de migration. Les oiseaux utilisent leurs battements d'ailes ou les courants ascendants de l'air pour voler. Les ailes d'un oiseau sont unies par deux paires de muscles situées dans leur poitrine. Chez la plupart des oiseaux, ces simples muscles représentent un tiers de leur poids. Puissants, ils animent toutes les plumes constituant l'aile. Seules les plumes situées aux extrémités des ailes, les rémiges, servent à propulser l'oiseau. La partie centrale de l'aile de l'oiseau est formée de plumes créant la portance. Au cours du battement, l'aile se replie dans la partie ascendante du mouvement et se déplie dans la partie descendante. Les oiseaux ayant de grandes ailes sont souvent des oiseaux planeurs, alors que les oiseaux de petite envergure doivent battre rapidement des ailes pour se maintenir en l'air.

GRANDE ENVERGURE
Le busard est un rapace aux ailes très grandes et larges. Il peut planer longtemps sans battre des ailes à la recherche de ses proies, les petits rongeurs.

BATTEMENT D'AILES DÉCOMPOSÉ
Le battement d'ailes d'un rouge-gorge est composé d'une succession rapide de replis vers le haut des ailes puis de déploiements vers le bas. Ce mouvement est si rapide que l'œil le perçoit difficilement. Ci-dessous, le battement a été décomposé en cinq étapes.

PLUME EN GROS PLAN
Seuls les oiseaux ont des plumes. Au microscope, on voit comment se constitue leur structure. De tout petits filaments, les barbules, se lient entre eux et relient les barbes. Alignées soigneusement les unes contre les autres, ces barbes constituent la plume.

Une vraie gouverne
Les longues plumes de la queue servent à diriger le vol.

ÉTALEMENT D'AILES
Parvenues au sommet de leur course ascendante, les ailes se déploient totalement et s'avancent. Les plumes sont déployées au maximum, les pattes repliées contre le corps. Aux extrémités de l'aile, les plumes les plus incurvées agissent comme les pales d'une hélice et poussent l'oiseau en avant.

RÉDUIRE LA RÉSISTANCE
Pendant la phase ascendante, les ailes se replient le long du corps pour réduire encore la résistance de l'air.

PHASE ASCENDANTE
Au début de l'envol, les plumes du rouge-gorge sont écartées de manière à réduire la résistance de l'air et diminuer l'effort.

Fournisseur de puissance
Les rémiges primaires convertissent la puissance musculaire en poussée.

Les muscles ; moteur du vol
Une paire de muscles puissants actionne les ailes de bas en haut et de haut en bas. Ils produisent l'énergie nécessaire au vol.

Différentes formes d'ailes

L'envergure et la largeur des ailes d'un oiseau conditionnent ses capacités à voler loin ou longtemps. À partir de la forme de ses ailes, on peut déduire beaucoup de choses sur le mode de vie d'un oiseau.

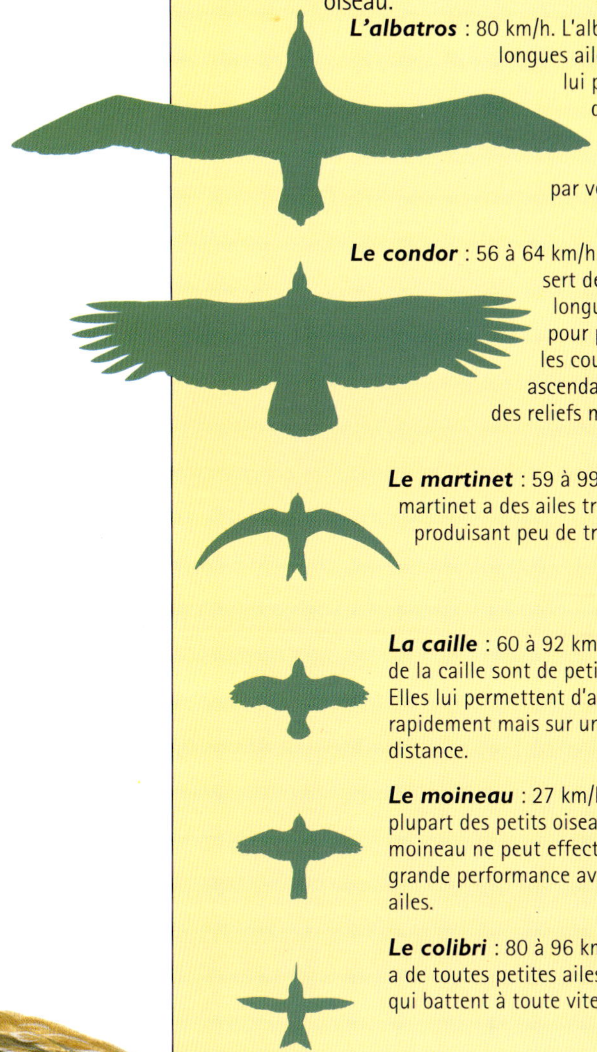

L'albatros : 80 km/h. L'albatros a de longues ailes effilées lui permettant de voler au-dessus de l'océan par vent fort.

Le condor : 56 à 64 km/h. Le condor se sert de ses ailes très longues et larges pour planer dans les courants ascendants le long des reliefs montagneux.

Le martinet : 59 à 99 km/h. Le martinet a des ailes très étroites produisant peu de traînée.

La caille : 60 à 92 km/h. Les ailes de la caille sont de petite envergure. Elles lui permettent d'accélérer très rapidement mais sur une courte distance.

Le moineau : 27 km/h. Comme la plupart des petits oiseaux, le moineau ne peut effectuer de vols de grande performance avec ses petites ailes.

Le colibri : 80 à 96 km/h. Le colibri a de toutes petites ailes étroites qui battent à toute vitesse.

PROPULSION
Les ailes s'abaissent en reculant légèrement. Ce mouvement propulse le rouge-gorge vers l'avant.

PHASE DESCENDANTE
Les plumes s'écartent les unes des autres au point le plus bas de la course descendante et la phase ascendante recommence.

Pour en savoir plus, rendez-vous à la page *Mécanique du vol*

EN VOL STATIONNAIRE
Le colibri se nourrit essentiellement de nectar de fleurs. Cette nourriture très sucrée lui procure l'énergie dont il a besoin. Il en dépense beaucoup, mais c'est un surdoué du vol. Il peut faire du surplace, voler sur le côté ou même à reculons. Il bat si vite des ailes que l'on ne parvient même plus à les voir bouger.

• LE VOL NATUREL •

Vol plané et vol stationnaire

Certains petits animaux vivant dans la forêt sautent d'une branche à l'autre sur de grandes distances. L'un d'entre eux, l'écureuil volant, déploie une large membrane de fourrure entre ses pattes. Il peut ainsi faire un vol plané de 100 mètres. Cette forme de vol est très rudimentaire. Pour voler longtemps, il faut de véritables ailes pour prendre appui sur l'air et il faut également pouvoir se diriger. Les oiseaux volent soit en planant dans les courants ascendants soit en battant des ailes. Le vol stationnaire, ou vol surplace, est très particulier. Le colibri est un des rares oiseaux à y parvenir aisément tout en dépensant une énergie considérable. À l'inverse, le vol plané permet à un oiseau de se maintenir longtemps en l'air en économisant ses forces.

L'ÉCUREUIL VOLANT
L'écureuil volant, qui vit en Asie et au Canada, utilise sa membrane alaire déployée pour planer d'arbre en arbre. Elle agit comme un parachute et lui permet d'atterrir en douceur. Il modifie la direction à l'aide de sa queue et de ses membres.

PLANEUR HORS PAIR
Les albatros peuvent voler des heures et parcourir des milliers de kilomètres sans se poser.

Utiliser le Vent

Pour rester en l'air, un oiseau doit avoir en permanence de l'air s'écoulant sur ses ailes. Pour cela, plusieurs possibilités s'offrent à lui :

Les rapaces se laissent planer en spiralant dans des courants ascendants que l'on appelle thermiques. Ils sont formés d'air plus chaud que l'air ambiant. Cet air chaud monte en formant des colonnes dans lesquelles l'oiseau se laisse porter.

Les oiseaux comme les crécerelles ou les hirondelles peuvent également utiliser d'autres courants ascensionnels, ceux qui se créent quand le vent rencontre un relief qui fait obstacle. L'air est alors dévié vers le haut et l'oiseau se laisse porter dans ce courant le long de la pente.

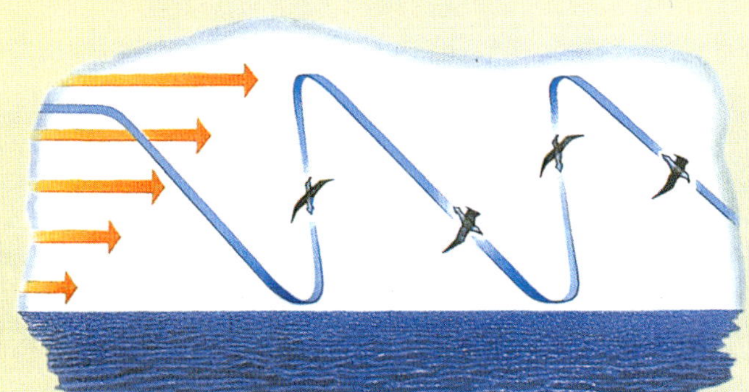

Les grands migrateurs et les oiseaux marins comme l'albatros utilisent les différentes forces de vent rencontrées entre la surface de l'eau et l'altitude pour planer en rebonds et économiser ainsi leurs forces.

Étonnant mais Vrai

Les poissons-volants vivent près de la surface, dans les mers tropicales. Pour échapper à leurs prédateurs, ils bondissent hors de l'eau en donnant un grand coup de queue et planent grâce à leurs larges nageoires.

Pour en savoir plus, rendez-vous à la page *Cerfs-volants et planeurs*

Insectes, chauves-souris et ptérodactyles

Les insectes sont les plus petits des animaux volants. Leurs minuscules muscles sont d'une grande efficacité. Ils ont besoin de moins de puissance que les animaux plus lourds comme les chauves-souris ou les oiseaux, et ils se déplacent plus facilement dans les airs. Les insectes, les oiseaux et les chauves-souris sont aujourd'hui les seuls animaux vivants capables de voler. Les chauves-souris volent grâce à leurs ailes membraneuses. La plupart ont la taille d'une souris et attrapent des papillons de nuit. Mais certaines espèces pèsent près de 1,5 kg et se nourrissent de fruits. Il y a bien longtemps, du temps des dinosaures, un autre groupe d'animaux, les ptérodactyles, volait. Les plus grands de tous les animaux volants, les *quetzalcoatlus*, faisaient partie de ce groupe.

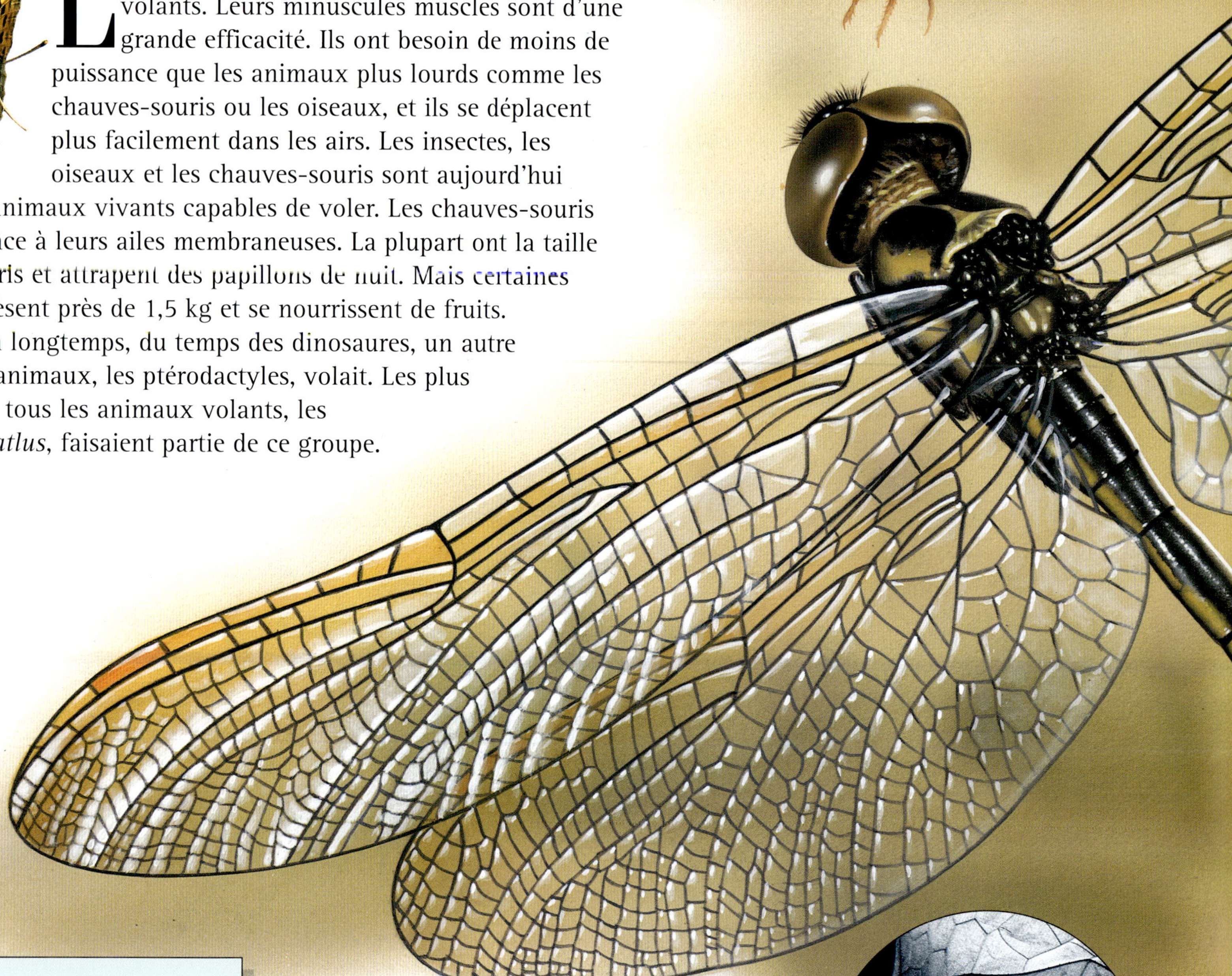

Le Savais-Tu ?

Certains insectes, comme les mouches et les moustiques, se servent de leurs muscles pour faire vibrer leur corps. Cela crée des mouvements d'ailes qui produisent le bourdonnement («bzz... ») propre aux insectes.

VUE RAPPROCHÉE

Quelle différence y a-t-il entre les insectes, les oiseaux et les chauves-souris ? Les insectes ont deux paires d'ailes ; les oiseaux et les chauves-souris n'en ont qu'une. Chez les oiseaux et les chauves-souris, les ailes prolongent le corps ; chez les insectes, elles ont une structure bien particulière.

ZOOM

Cette vue au microscope électronique montre comment les ailes de la libellule sont rattachées au corps.

MEMBRANE DE PEAU
Les ailes d'une chauve-souris sont formées d'une membrane de peau fine et souple tendue entre les doigts très allongés et reliée aux pattes postérieures et à la queue.

BATTEMENTS D'AILES DES INSECTES
Plus l'insecte est petit, plus ses ailes doivent battre vite. Cela signifie en principe que ses performances dans les airs sont moindres.

	VITESSE À L'HEURE	BATTEMENTS D'AILES À LA SECONDE
LIBELLULE	24 km/h	35
PAPILLON	22,4 km/h	10
MOUCHE	14,4 km/h	170
ABEILLE	6,4 km/h	130
MOUSTIQUE	1,6 km/h	600

PTÉRODACTYLES

Les premières machines volantes ont été conçues sur le modèle des ailes des ptérodactyles.
Une équipe de scientifiques américains avait reconstitué un ptérodactyle appelé *quetzalcoatlus northropi*, qui vivait il ÿ a près de 100 millions d'années. L'envergure de ses ailes atteignait 6 m et il était équipé d'une radio commande, d'un pilote automatique et de 13 petits moteurs électriques qui actionnaient les ailes. En 1986, le modèle reconstitué a volé plus de 3 minutes.

AIGLE MYTHIQUE
Garuda était un aigle géant qui servait de monture à Vishnu, une divinité indienne, quand il se déplaçait dans le ciel. C'est aussi le nom de la compagnie aérienne indonésienne qui a pris pour emblème l'oiseau mythique.

• LE VOL SILENCIEUX •

Mythes et légendes

Depuis des milliers d'années, les hommes racontent des histoires merveilleuses d'êtres imaginaires qui voyagent dans les airs avec la grâce et l'aisance des oiseaux. Pouvoir voler était un signe de prestige et de puissance réservé aux dieux et aux héros. Dans la mythologie grecque, Icare et Dédale volent avec des ailes qu'ils se sont fabriquées ; le roi perse Kaj Kaoos avait harnaché des aigles à son trône tandis que le comte Twardowski de Pologne volait vers la Lune sur le dos d'un coq. Beaucoup ont voulu imiter de tels héros. C'est ainsi que l'on a vu des hommes s'attacher des ailes et sauter de tours, de hautes constructions ou même de ballons. Quelques-uns ont survécu à leurs chutes. En 1507, Scotsman John Damian a sauté du haut des remparts d'un château avec des ailes faites avec des plumes de poulet... ne se cassant miraculeusement que le fémur. Il pensait qu'il aurait eu plus de chances s'il avait choisi les plumes d'un oiseau qui aurait réellement volé ! Nos héros des temps modernes comme Superman ou Batman prouvent que la fascination de l'homme pour de tels personnages perdure...

NACELLE AILÉE
La légende veut que Alexandre le Grand ait voyagé dans les airs en harnachant quatre griffons, des animaux mythiques ailés, à une nacelle. Il aurait placé de la viande au bout d'une lance pour allécher et faire voler les griffons.

CHEVAL AILÉ
D'après la légende grecque, Bellérophon, fils de Poséidon, réussit à dompter un cheval ailé, Pégase. Ensemble, ils tuèrent la chimère, un monstre à trois têtes.

TROP PRÈS DU SOLEIL
Dans la mythologie grecque, Dédale et Icare étaient emprisonnés par Minos dans le labyrinthe. Délivrés, il quittèrent la Crète grâce à des ailes qu'ils s'étaient fabriquées et fixées avec de la cire. Mais Icare vola trop près du Soleil, faisant fondre la cire. Il tomba dans la mer Égée et se noya.

Des hommes Inconscients

Pendant des siècles, les hommes ont tenté d'imiter les oiseaux. Avec des ailes méticuleusement fabriquées avec des plumes, ils se sont lancés du haut de tours, battant des bras désespérément avant de s'écraser au sol. Ils ne savaient pas que les hommes sont trop lourds et que leurs muscles ne sont pas assez forts pour leur permettre de voler. Le cœur des hommes ne peut pas battre assez vite pour répondre à un tel effort (le cœur d'un moineau doit battre 800 fois en une minute !)

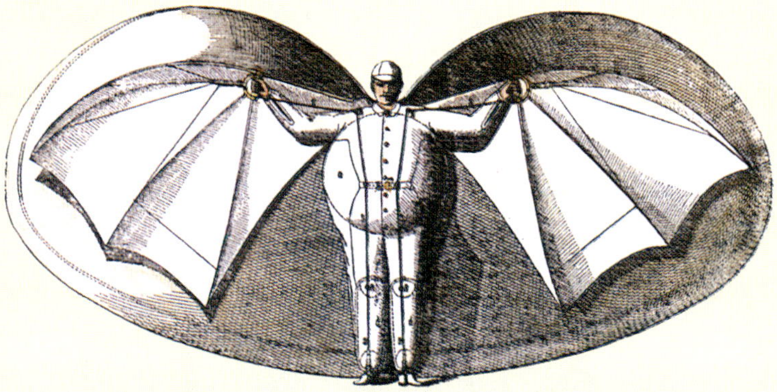

BATAILLE CÉLESTE
Dans plusieurs légendes, les forces du Bien et du Mal étaient ailées. Ici, saint Michel défend son île d'un terrible dragon.

PRINTEMPS DIVIN
La déesse égyptienne Isis avait des ailes de faucon. Chaque année elle volait vers la Terre pour apporter le printemps.

Pour en savoir plus, rendez-vous à la page *Premières tentatives*

PRÉCURSEURS
Depuis des siècles, les Japonais font voler des cerfs-volants très colorés lors des cérémonies religieuses.

Le profil du deltaplane
L'armature principale, ou espar, est conçue comme un profil d'ailes, épais au bord et incurvé.

LE DELTAPLANE
Un vol en deltaplane commence au sommet d'une montagne ou d'une falaise. Le pilote monte son aile puis court dans la pente contre le vent jusqu'à ce que l'aile porte. Il s'installe alors en position allongée et dirige son engin avec le triangle de contrôle et le déplacement de son corps.

• LE VOL SILENCIEUX •

Cerfs-volants et planeurs

Le cerf-volant est un ancêtre de l'avion. Les Chinois les utilisent depuis plus de 2 000 ans. Ils ont évolué et ont pu servir à placer des observateurs au-dessus des champs de bataille. Ils ont également inspiré les pionniers de l'aviation dans leurs recherches. Pour développer ses planeurs, Otto Lilienthal a beaucoup observé le vol des oiseaux et étudié les cerfs-volants. Il pensait que pour voler, les hommes devaient d'abord maîtriser le vol plané.

Les frères Wright construisirent également leur premier planeur biplan d'après un modèle réduit de cerf-volant. Les premiers planeurs décollaient d'une colline. Aujourd'hui, les planeurs modernes sont remorqués en altitude par un avion ou sont lancés au treuil.

CERF-VOLANT MAORI
Les Maoris, peuple de Nouvelle-Zélande, faisaient voler des cerfs-volants à allure humaine. Ils avaient chacun une signification et aidaient les chefs de tribu à prendre une décision importante.

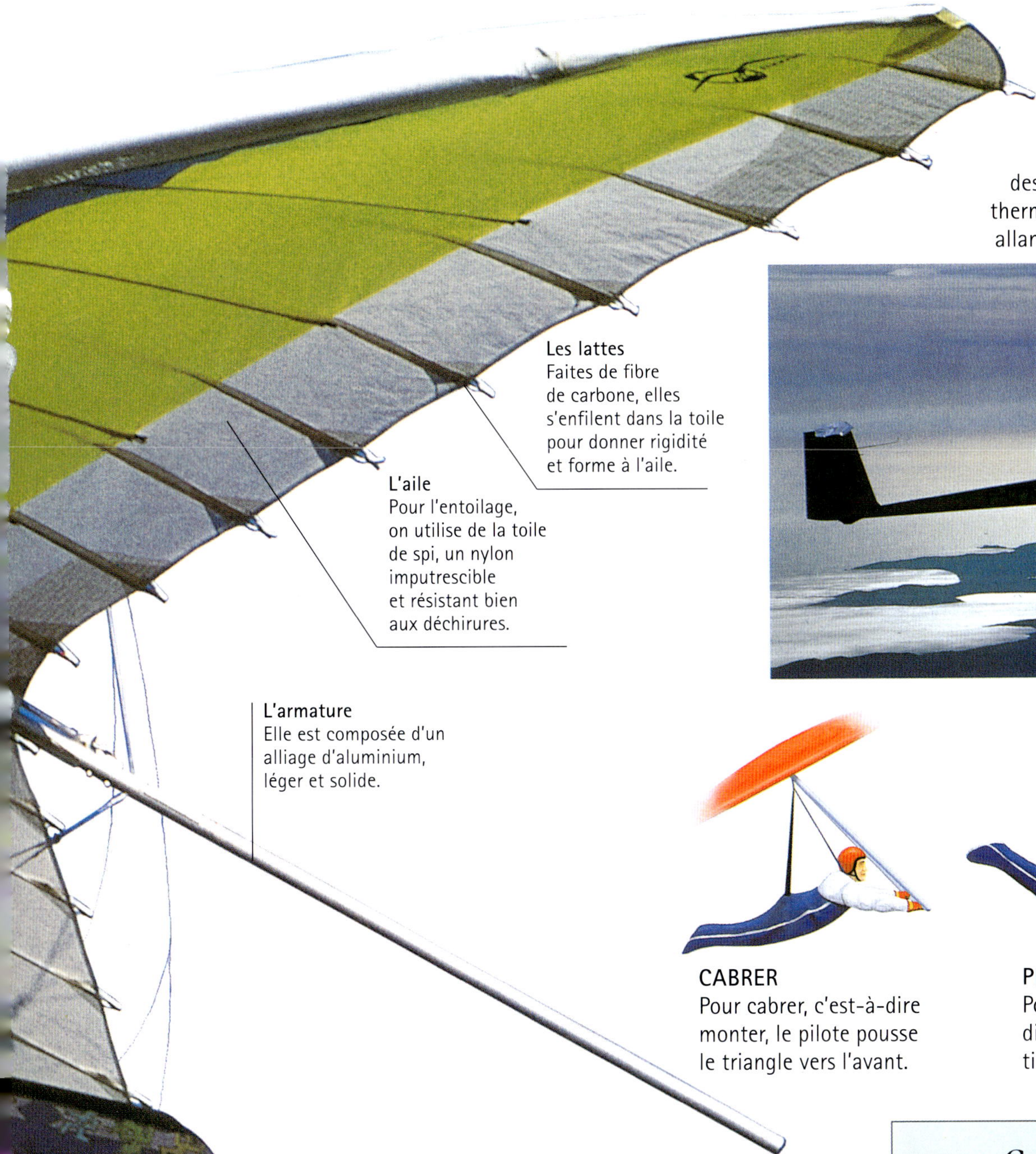

DANS L'ASCENDANCE
Le planeur ci-dessous est un planeur biplace moderne de performance, le Janus. Son envergure de 18 m et la finesse de ses formes lui permettent de parcourir des centaines de kilomètres en utilisant les courants thermiques. Il peut voler à des vitesses très différentes allant de 70 km/h en spirale à 200 km/h en transition.

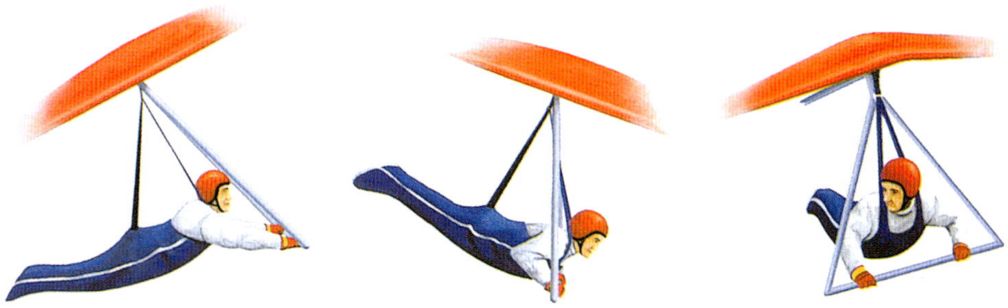

CABRER
Pour cabrer, c'est-à-dire monter, le pilote pousse le triangle vers l'avant.

PIQUER
Pour piquer, c'est-à-dire descendre, le pilote tire le triangle vers lui.

VIRER
En déplaçant son corps d'un côté ou de l'autre, le pilote fait virer le deltaplane.

UN PIONNIER GÉNIAL
L'ingénieur allemand Otto Lilienthal fit énormément progresser l'aviation avec ses études sur les planeurs. Il en construisit de nombreux et effectua plus de 2 500 vols. Il se tua en 1896 quand une rafale de vent entraîna son planeur au sol.

Cerf-volant à caissons

L'Australien Lawrence Hargrave inventa le cerf-volant à caissons. Il fit la démonstration de son efficacité en 1894 lorsqu'il se laissa lui-même soulever à 5 m du sol, accroché à plusieurs de ces caissons superposés. Il fut moins chanceux en voulant transformer son cerf-volant en avion. Cependant, bon nombre des premiers avions eurent des ailes-caissons conçues d'après ses travaux.

• LE VOL SILENCIEUX •

Les ballons

Pour s'élever dans le ciel, les hommes créèrent toutes sortes d'engins. Le premier à être efficace fut le ballon. Deux Français, les frères Montgolfier, construisirent le premier ballon fabriqué en lin et en papier huilé. Ils l'expérimentèrent en faisant voler à son bord un mouton, un coq et un canard puis F. Pilâtre de Rozier et le marquis d'Arlandes accomplirent le premier vol humain, à Paris, en 1783. Les ballons à air chaud – « les plus-légers-que-l'air » – devinrent rapidement populaires. Lors du siège de Paris en 1870, les ballons servirent aux Français pris en ceinture par les Prussiens à faire passer des messages au-delà de leurs lignes. Aujourd'hui encore les ballons sont utilisés par les scientifiques pour étudier la météorologie ou la haute atmosphère. La pratique du ballon est aussi devenue un sport aérien de loisir.

Les brûleurs
Lorsqu'il souhaite s'élever, le pilote tire la corde qui actionne les valves des brûleurs. Les deux brûleurs qui fonctionnent au gaz propane dégagent une grande flamme remplissant le ballon d'air chaud.

La nacelle
Les nacelles sont la plupart du temps faites en osier tressé, léger et solide tout en restant souple à l'atterrissage.

UN VRAI LOISIR
De nombreux amateurs possèdent leur propre ballon ou pratiquent au sein de clubs. Un ballon standard mesure 18 m de diamètre et contient un volume de 2 830 m^3 d'air. L'air chaud est procuré par les brûleurs de propane, les bonbonnes de gaz se trouvant dans la nacelle.

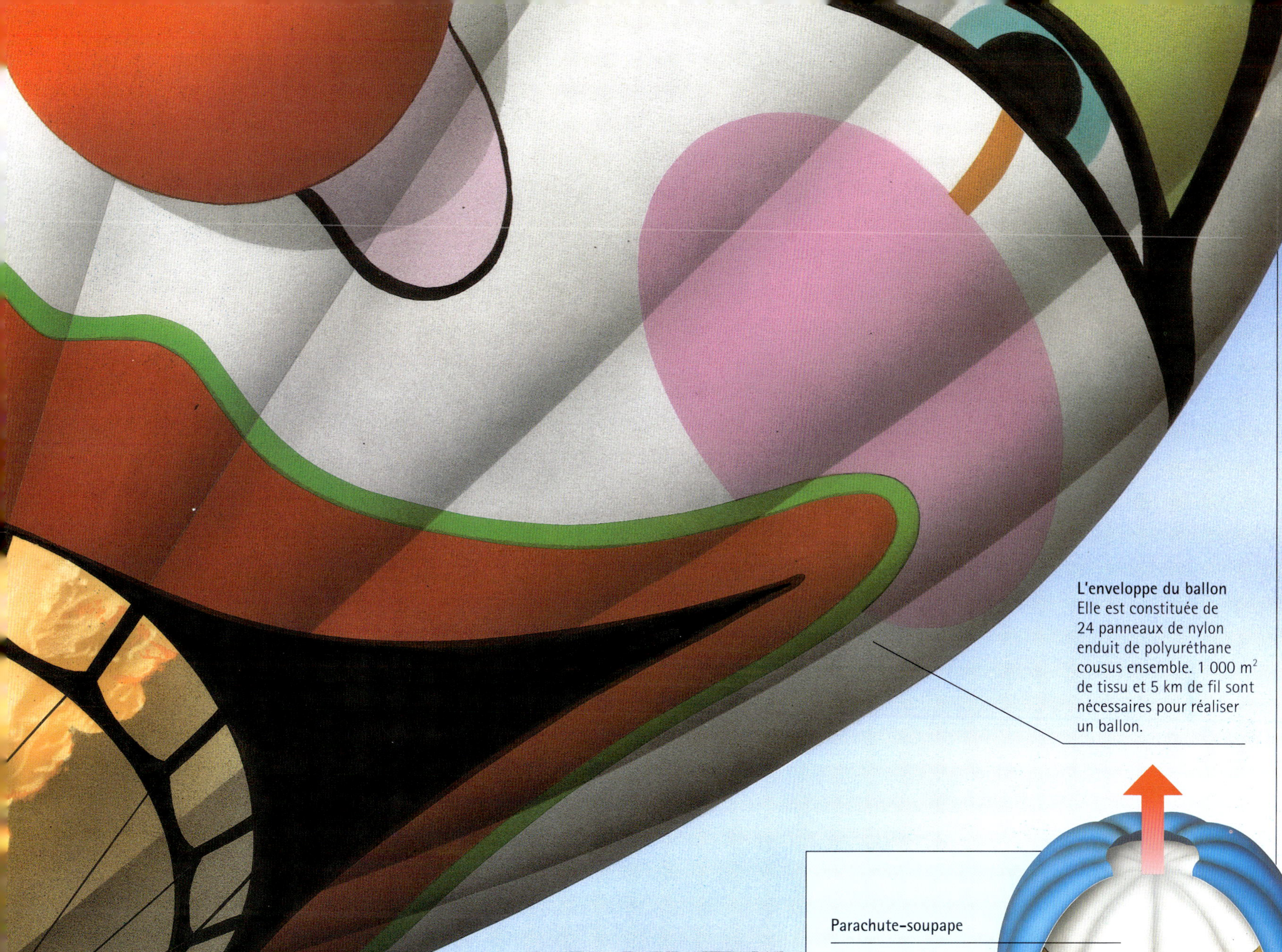

L'enveloppe du ballon
Elle est constituée de 24 panneaux de nylon enduit de polyuréthane cousus ensemble. 1 000 m^2 de tissu et 5 km de fil sont nécessaires pour réaliser un ballon.

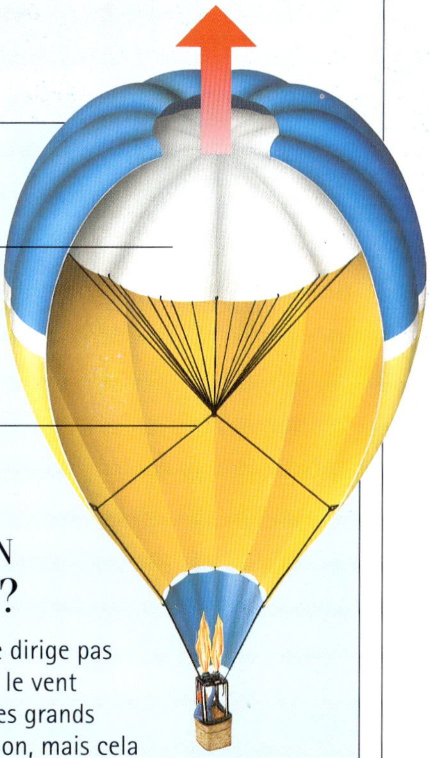

EXPLOITS EN BALLON
En 1978, *Double Eagle*, un ballon américain, traversa l'océan Atlantique en six jours.

BALLONS MILITAIRES
Durant la Seconde Guerre mondiale, on utilisa des barrages de ballons fixes pour protéger les villes des raids aériens de bombardement.

Comment dirige-t-on un ballon ?

À vrai dire, on ne le dirige pas vraiment, on suit le vent dominant. C'est un des grands inconvénients du ballon, mais cela fait aussi partie de son charme !
En revanche, on contrôle très bien l'altitude de vol. Si l'on veut monter, on réchauffe l'air à l'aide des brûleurs. Si l'on veut descendre, on tire une corde qui actionne le parachute-soupape et permet à l'air de s'échapper par la cheminée située en haut de l'enveloppe.

Pour en savoir plus, rendez-vous à la page *Les dirigeables*

Premières tentatives

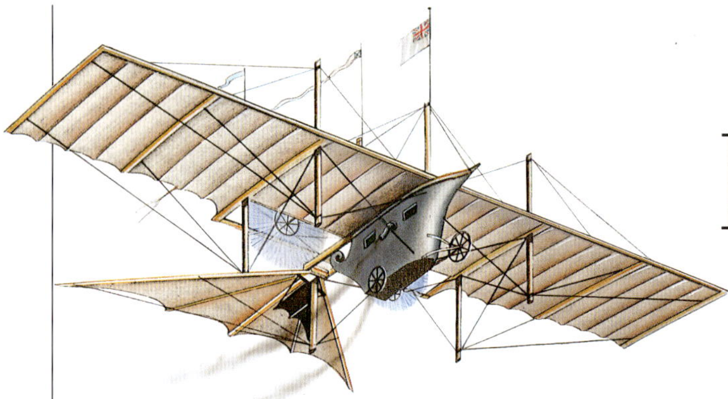

PROJET MODERNISTE
En 1842, William Henson construisit un appareil dont les formes étaient assez proches de ce qu'allaient devenir les avions. Son moteur à vapeur animait deux hélices. Bien qu'étant resté au stade de la maquette, ce projet semblait tout à fait sérieux.

Bien des machines, toutes plus curieuses les unes que les autres, furent construites par les premiers hommes qui s'aventurèrent dans le domaine du vol. Leurs engins nous font aujourd'hui sourire par leur naïveté, mais en réalité tous ces travaux sans succès contribuèrent par leurs enseignements à la réussite des premiers vols. Au XIXe siècle, la propulsion à vapeur fut essayée sur les premiers avions. Le Français Clément Ader et l'Américain Hiram Maxim construisirent tous deux des avions à vapeur avec lesquels ils purent réaliser quelques bonds difficilement contrôlés. Les moteurs à vapeur étaient cependant lourds et peu puissants. Avec un aussi mauvais rendement, ils avaient peu d'avenir dans l'aviation et seul le développement du moteur à explosion permit l'essor des vols motorisés.

LES MÉSAVENTURES DE LANGLEY
L'Américain Samuel Langley réalisait des modèles réduits propulsés par vapeur. Ils fonctionnaient si bien qu'il décida de passer à une version grandeur nature qu'il appela *l'Aérodrome*, propulsé par un moteur à explosion. Le premier vol eut lieu en 1903, ce fut également le dernier. L'avion, catapulté d'une plate-forme, s'abîma dans le fleuve Potomac au bout de quelques mètres.

L' *AVION* D'ADER
L'ingénieur français Clément Ader construisit son modèle *Avion III* en 1897. Plus grand que son modèle précédent l'*Éole*, il vola moins bien que celui-ci, qui avait réalisé un bond en 1890. Ader fut le premier à nommer un aéroplane « Avion » qui devint un nom commun.

MAXIM ET SON MONSTRE
Cet appareil gigantesque fut construit en 1894 par l'Américain Hiram Maxim. Propulsé par ses deux moteurs à vapeur, il souleva son équipage pendant quelques secondes du rail de lancement.

Le Savais-Tu ?

Le peintre Léonard de Vinci (1452-1519) était aussi un inventeur. Il dessina plusieurs modèles d'engins volants se fondant sur le principe du battement d'ailes. Ces projets ne furent sans doute jamais expérimentés.

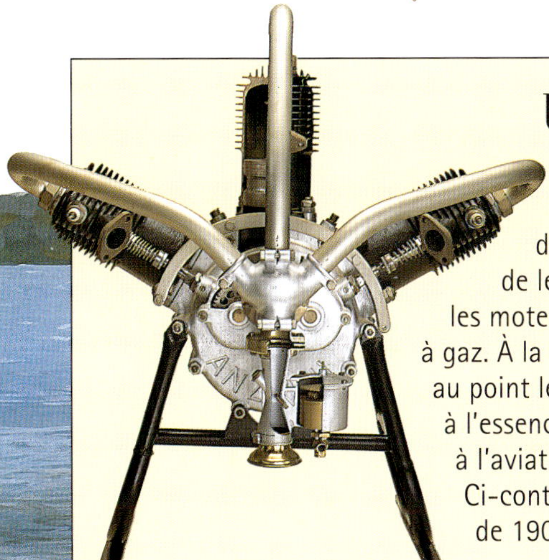

Un Nouveau Moteur

Les pionniers de l'aviation, après avoir expérimenté plusieurs types de moteurs à vapeur, se rendirent compte de leurs limites. Ils se tournèrent alors vers les moteurs électriques ou les premiers moteurs à gaz. À la fin du XIXe siècle, Otto Daimler mit au point le moteur à explosion fonctionnant à l'essence. Le moteur puissant et léger adapté à l'aviation comme à l'automobile était né. Ci-contre le moteur tricylindres Anzani datant de 1909.

PREMIER VÉRITABLE VOL
Le *Flyer* était construit en baguettes d'épicéa nouées par de la corde. Les ailes étaient entoilées en soie. Allongé sur l'aile inférieure le long du moteur, le pilote actionnait de la main gauche un levier permettant de descendre et monter. Pour virer, il actionnait les câbles de gauchissement en déplaçant ses hanches vers la droite ou la gauche.

Les frères Wright

Dès leur enfance, les frères Wright, deux Américains, rêvaient de voler. Ils réalisaient des cerfs-volants pour leurs camarades de classe. Devenus adultes, ils lancèrent une petite usine de construction de bicyclettes. Avec les profits dégagés de leur activité principale, ils construisirent un planeur et accumulèrent plus de 1 000 vols. Ils étudièrent la théorie, les enseignements tirés des expériences des autres, et expérimentèrent beaucoup de solutions. En 1903, ils mirent en chantier le *Flyer*, un avion muni d'un petit moteur à essence et que l'on pouvait diriger en vol. En décembre 1903, Orville effectua à Kitty Hawk, en Caroline du Nord, le premier vol humain motorisé et contrôlé. Il s'éleva pendant quelques dizaines de secondes. Le *Flyer* réalisa d'autres vols avant d'être endommagé par une perte de contrôle due à une rafale de vent.

Le Savais-Tu ?

Les frères Wright jouèrent à pile ou face pour déterminer qui aurait l'honneur du premier vol. Wilbur fut tiré au sort mais sa tentative échoua. Ce fut Orville qui réalisa donc le premier vol humain.

EN AVANCE SUR SON TEMPS

Orville Wright participa à la mise au point de ce monoplan de course Dayton-Wright de 1920. L'avion avait déjà un train rentrant et, comme le montre la photo, des ailes très solides !

Comment Fonctionne une Hélice ?

Une hélice est comparable à une aile avec ses deux pales (ou plus). Animée d'un mouvement rotatif, elle s'enroule dans l'air comme une vis s'enfonce dans le bois. Ce mouvement tire l'avion vers l'avant. Les hélices modernes sont « à pas variable », c'est-à-dire que l'on peut faire varier en vol l'angle des pales pour optimiser le rendement selon que l'on monte ou que l'on est en vol de croisière. Cette variation économise le moteur de l'avion, comme la boîte de vitesses économise celui d'une voiture. Autrefois réalisées en bois, les hélices sont aujourd'hui métalliques ou en fibre de verre et de carbone.

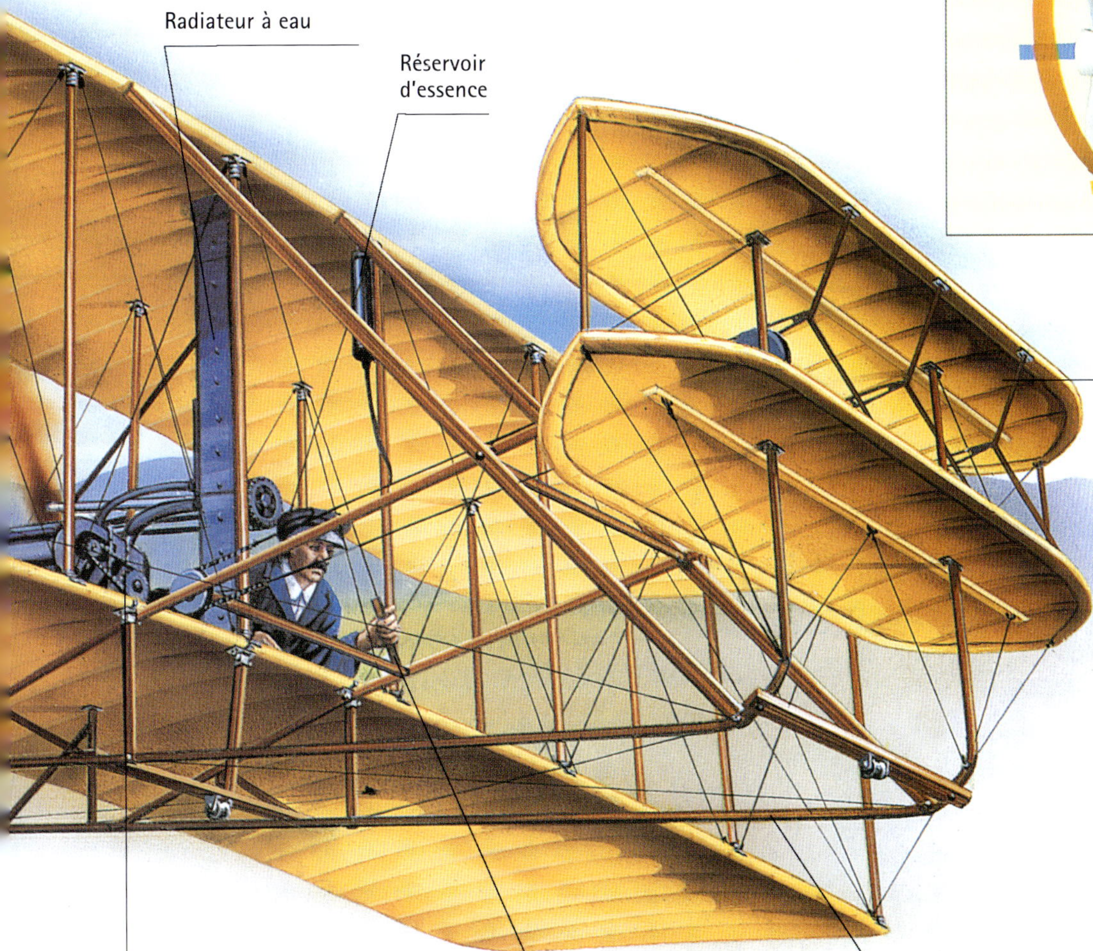

MODÈLE DÉPOSÉ

Les frères Wright firent breveter leur avion en 1906 pour en empêcher les copies. Pendant ce temps, en Europe, d'autres modèles d'avions étaient mis au point.

MODESTE MAIS DÉCISIF

Le premier vol d'Orville Wright couvrit une distance totale de 51,50 mètres, ce qui représente une longueur inférieure à celle du fuselage d'un *Boeing 747 – 400* !

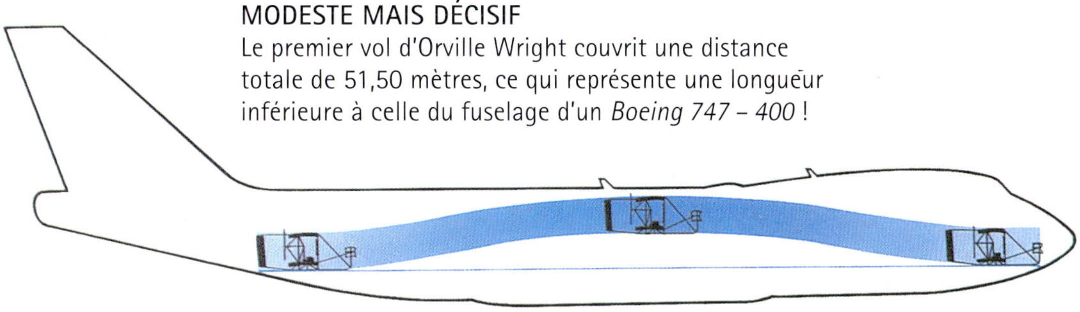

Pour en savoir plus, rendez-vous à la page *Principes du vol*

Les grandes premières

Les progrès de l'aviation doivent autant à l'évolution de la technologie qu'au courage et à la détermination des hommes. Ces progrès ont été d'une rapidité extraordinaire. En 1783, les Montgolfier s'élevaient en ballon. En 1903, les frères Wright réalisaient le premier vol motorisé. En 1909, Blériot traversait la Manche. Mais plus que tout hélas, les deux guerres mondiales firent considérablement progresser l'aviation. Dès que les militaires s'y consacrèrent, la technologie avança à grands pas. En 1947, Chuck Yeager franchit le mur du son et, en 1961, Youri Gagarine devint le premier homme dans l'espace. Six ans plus tard, le X-15, un avion-fusée, établit le record de vitesse incroyable de 7254 km/h.

ON A MARCHÉ SUR LA LUNE
Les astronautes américains Neil Armstrong et Edwin Aldrin posèrent le module lunaire le 21 juillet 1969. Les premiers pas d'Armstrong sur la Lune furent suivis à la télévision par plusieurs millions de personnes de par le monde.

VOL À BICYCLETTE !
Bryan Allen, un cycliste américain, réalisa le premier appareil capable de voler grâce à la propulsion humaine. Il avait une envergure énorme de 29 mètres, pour un poids de 32,7 kg seulement. En 1977, Allen fit un vol de 1,64 km à la vitesse de 16 km/h.

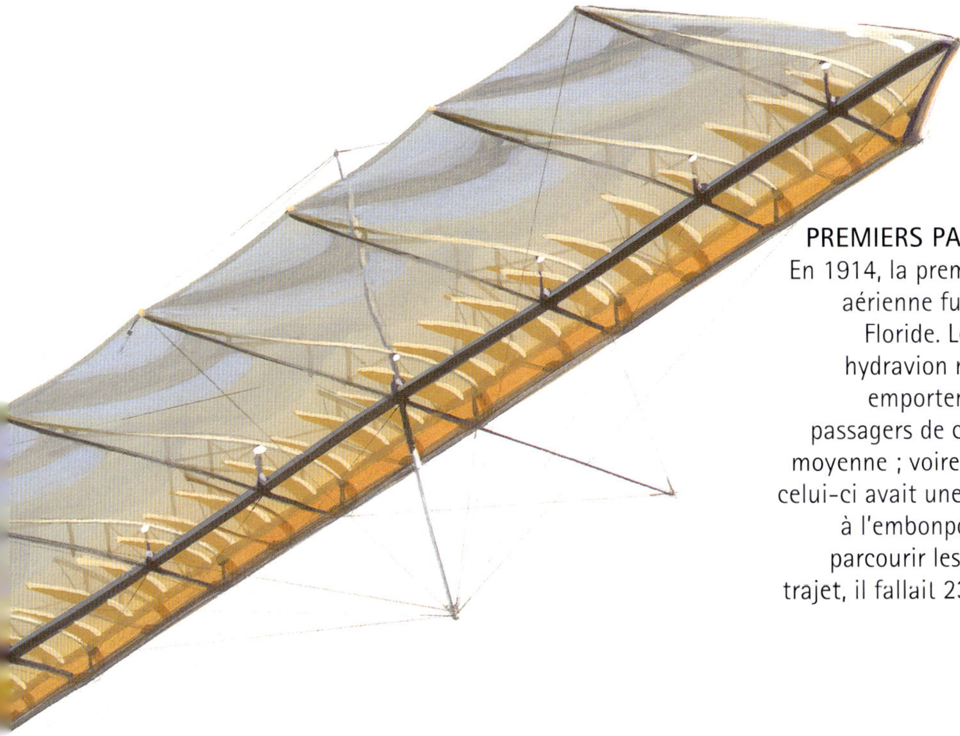

PREMIERS PASSAGERS
En 1914, la première ligne aérienne fut créée en Floride. Le modeste hydravion ne pouvait emporter que deux passagers de corpulence moyenne ; voire un seul si celui-ci avait une tendance à l'embonpoint ! Pour parcourir les 34 km du trajet, il fallait 23 minutes.

Femmes Pilotes

Les femmes participèrent activement aux premières et aux records. La baronne de Laroche, une Française, fut la première femme pilote en 1910. L'Américaine Amelia Earhart (en photo ci-dessus) fut la première femme à traverser l'Atlantique, en 1932. Toujours dans les années 30, l'Anglaise Amy Johnson s'attaqua à des records de distance et réalisa un vol de 19 616 km. En 1953, l'Américaine Jacqueline Cochran effectua le premier vol supersonique féminin.

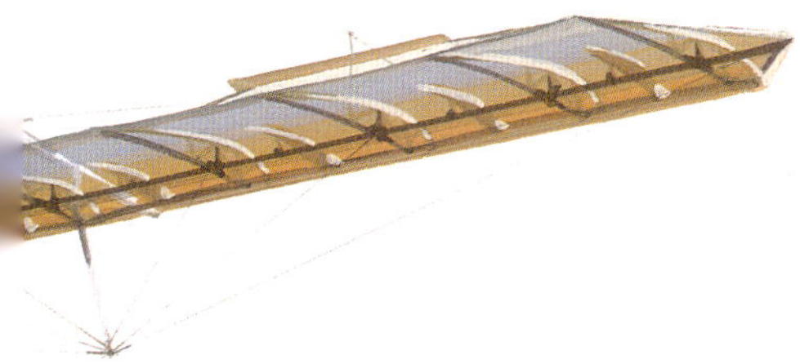

DÉBUTS DU JET
Ce *Heinkel He 178* allemand de 1939 a été le premier avion à réaction. Il atteignait une vitesse de 700 km/h. Après-guerre, la plupart des nouveaux avions furent des « jets ». Ils n'avaient plus d'hélice mais des réacteurs.

TENTATIVE DE RECORD
Ce *Deperdussin* monocoque avait été dessiné pour la course. Son fuselage profilé le rendait rapide et élégant pour son époque. En 1912, le Français Jules Védrines le pilota à plus de 161 km/h.

Pour en savoir plus, rendez-vous à la page *Le mur du son*

D'UNE FALAISE À L'AUTRE
Louis Blériot réalisa la première traversée de la Manche en 1909 à bord d'un fragile monoplan de sa fabrication. Celui-ci était propulsé par un petit moteur de 35 CV.

LA TRAVERSÉE DU PACIFIQUE
En 1928, les Australiens Charles Kingsford-Smith et Charles Ulm réalisèrent la première traversée de l'océan Pacifique sur leur *Fokker VII* à la vitesse moyenne de 143 km/h. Ils se ravitaillèrent en carburant par deux fois aux îles Hawaii et aux îles Fidji.

SPIRIT OF SAINT LOUIS
L'avion de Lindbergh, le *Spirit of Saint Louis*, était un monoplan Ryan spécialement construit pour lui et pour la tentative de traversée de l'Atlantique. La carlingue contenait un énorme réservoir d'essence derrière lequel était installé Lindbergh. Pour voir devant, il devait employer le périscope ou se pencher à la fenêtre. Le vol d'une distance de 5 796 km dura 33 heures et 30 minutes.

• LES PIONNIERS •

Ils ont réduit la taille du monde

En évoluant, les avions cessèrent d'être de périlleuses machines pour devenir de plus gros engins fiables. Les hommes rêvèrent alors d'étendre sans cesse la longueur de leurs vols au-dessus des continents et des océans. Blériot traversa la Manche en se battant contre les rafales de vent. Dix-huit ans plus tard, en 1927, Lindbergh se posa triomphalement sur l'aérodrome du Bourget près de Paris après avoir traversé l'Atlantique. Une barrière psychologique était tombée dans la tête des hommes. Un an plus tard, le Pacifique était franchi. L'autonomie des avions devait rester longtemps un vrai problème, mais les aviateurs s'étaient affranchis des océans.

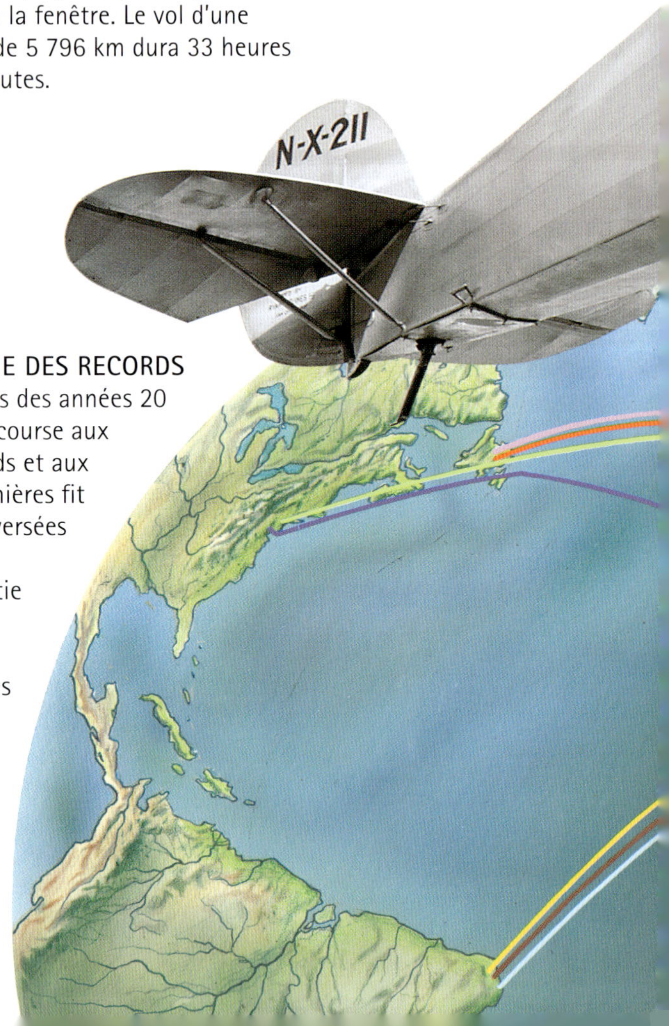

LA DÉCENNIE DES RECORDS
C'est au cours des années 20 et 30 que la course aux grands records et aux grandes premières fit rage. Les traversées des océans faisaient partie des enjeux majeurs. Les routes tracées sur la carte ci-contre indiquent les plus grandes traversées.

LE TOUR DU MONDE EN NEUF JOURS

Le dernier grand défi de l'aviation a été relevé en 1986 par Dick Rutan et Jeana Yeager qui réalisèrent le tour du monde sans escale en neuf jours à bord de *Voyager.*

Record d'Altitude

L'Américain Wiley Post, après avoir effectué un tour du monde, décida de s'attaquer au record d'altitude. Il conçut une combinaison inspirée de celle des plongeurs sous-marins lui permettant de respirer à haute altitude. En 1934, il atteignit l'altitude de 15 240 mètres.

EN ROUTE VERS LA GLOIRE

Charles Lindbergh commença sa carrière comme pilote d'avions postaux aux États-Unis. Il devint le pilote le plus célèbre après sa traversée de l'Atlantique de 1927.

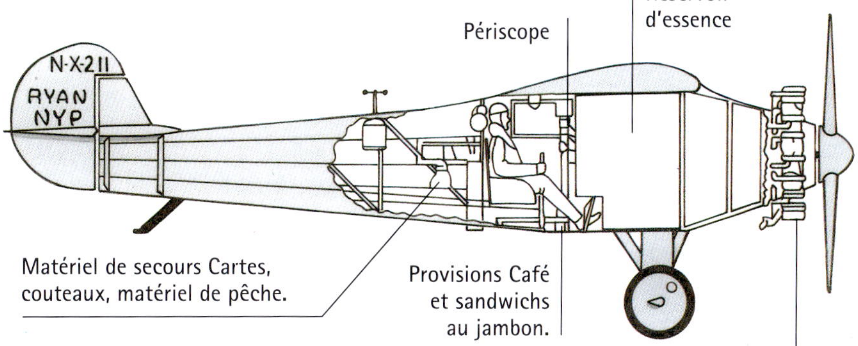

1919 Alcock et Brown	1927 Dieudonné Costes et Le Brix
1919 Commander A.C. Read	1931 Bert Hinkler
1927 Charles Lindbergh	1932 Amelia Earhart
	1935 Jean Batten

LE *WEDDEL-WILLIAMS*
L'avion de course *Weddel-Williams 44* remporta le Trophée Thompson en 1933, avec une vitesse moyenne de 383 km/h. Il s'agissait d'une course de vitesse sur un circuit aux virages délimités par des pylônes. Sur cet avion, la puissance du moteur a été privilégiée par rapport à l'aérodynamique.

• LES PIONNIERS •

Les courses aériennes

Les hommes ont toujours eu le goût de la compétition. L'apparition de l'aviation leur a offert un nouveau terrain de jeu. La première course aérienne fut remportée en 1909 par l'Américain Glenn Curtiss à bord d'un fragile biplan et à la vitesse de 76 km/h. Trois ans plus tard, lors de la même course, la *Gordon Bennett*, un monoplan Deperdussin l'emportait à la vitesse de 199 km/h. C'est dire si l'évolution des avions était rapide. Les courses servaient avant tout de banc d'essai pour les nouvelles technologies. Dans les années 30, elles rendirent bien des pilotes célèbres aux États-Unis, comme Turner ou Doolittle. La première course féminine rassembla 23 femmes-pilotes dont Amelia Earhart. Les trophées Schneider, Thompson ou Bendix attiraient un public nombreux amateur de vitesse et de sensations fortes. Aujourd'hui, à Reno aux États-Unis, des courses semblables ont toujours lieu chaque année.

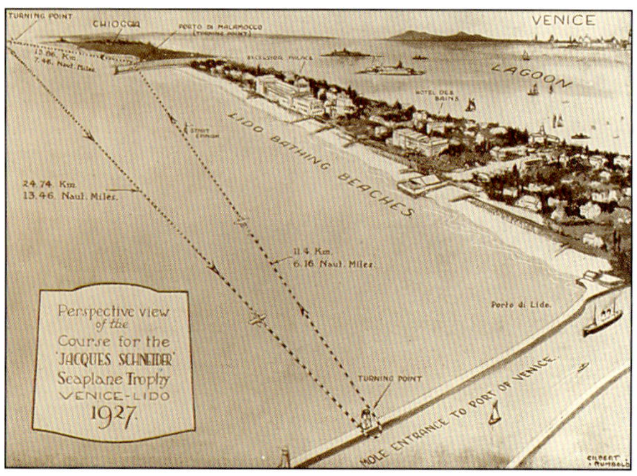

LE TROPHÉE SCHNEIDER
Cette course était réservée aux hydravions. Ils devaient parcourir 7 fois un circuit triangulaire de 48 km au-dessus d'un plan d'eau.

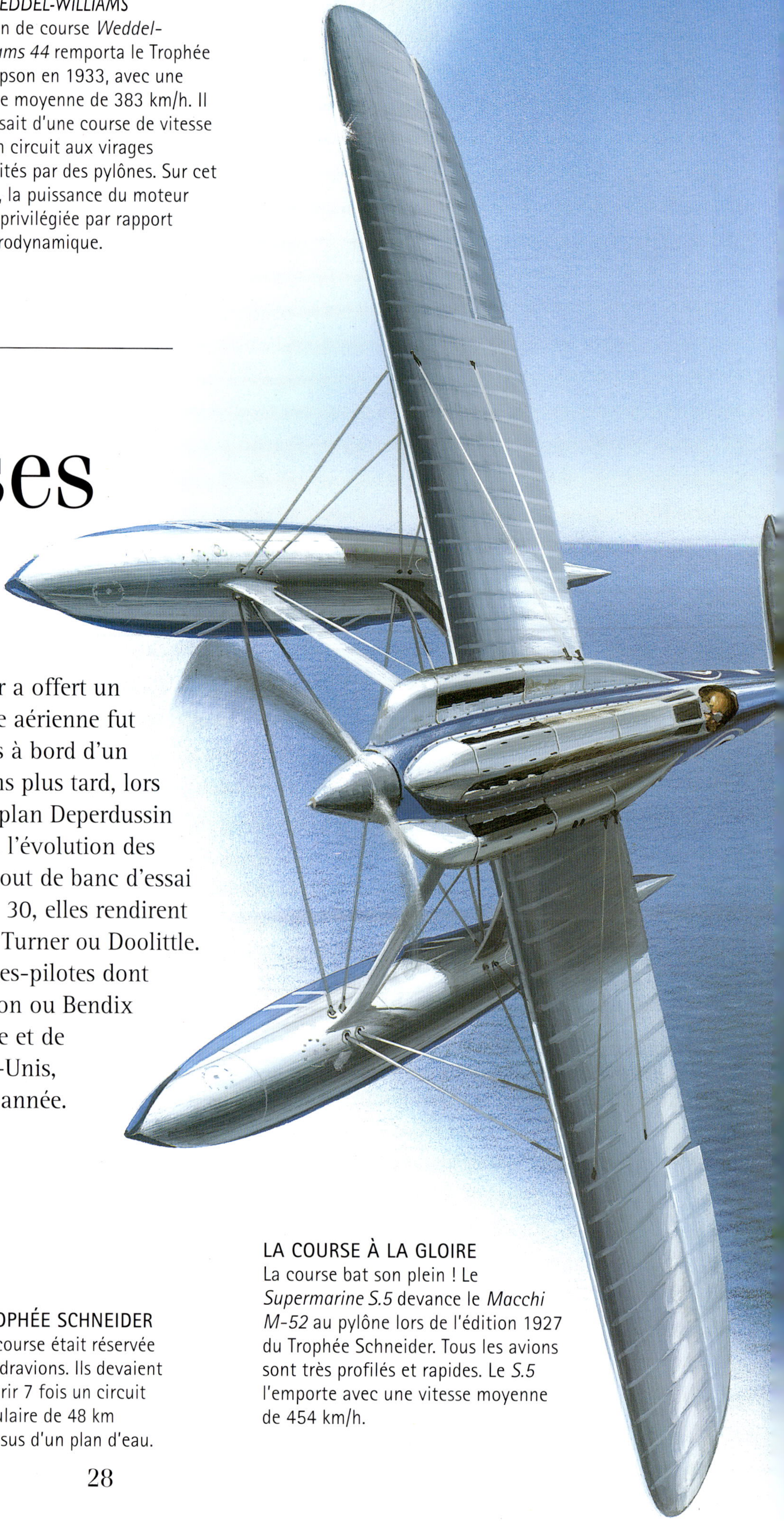

LA COURSE À LA GLOIRE
La course bat son plein ! Le *Supermarine S.5* devance le *Macchi M-52* au pylône lors de l'édition 1927 du Trophée Schneider. Tous les avions sont très profilés et rapides. Le *S.5* l'emporte avec une vitesse moyenne de 454 km/h.

UN AS
L'Américain Jimmy Doolittle fut un grand pilote de course. Il remporta le Trophée Schneider en 1925 sur un hydravion de l'armée. En 1931, il remporta également le trophée Bendix. Il établit un record mondial de vitesse à 473 km/h dans le trophée Thompson en 1932.

LE TROPHÉE BENDIX
Ce trophée récompensait le vainqueur d'une longue course à travers les États-Unis qui eut lieu chaque année de 1931 à 1949.

MEETINGS AÉRIENS

Après la Première Guerre mondiale, beaucoup de jeunes pilotes quittèrent l'armée et se retrouvèrent sans emploi. Bon nombre d'entre eux gagnèrent leur vie – ou hélas la perdirent – en réalisant des démonstrations acrobatiques lors de meetings. Barre fixe sur le train d'atterrissage, partie de tennis sur les ailes, tout était bon pour émerveiller le public encore peu accoutumé aux avions et à ce genre d'acrobaties.

Le mur du son

Voler et franchir une sorte de barrière invisible, cela paraissait impossible. Pourtant, vers la fin de la Seconde Guerre mondiale, quelques pilotes s'approchèrent de la vitesse du son en piquant avec leur *Spitfire* ou leur *Mustang*. Ils constatèrent qu'à ces vitesses (environ 800 km/h), l'avion devenait incontrôlable, se mettait à vibrer et semblait se désintégrer. Certains ingénieurs pensaient que l'on ne pourrait jamais dépasser la vitesse du son. Avec l'arrivée de la réaction, les problèmes liés aux hélices disparurent. En 1947, Chuck Yeager franchit le mur du son à bord du *Bell X1*, un avion-fusée. Aujourd'hui, la plupart des avions militaires et le *Concorde* volent au-delà de la vitesse du son (environ 1 100 km/h). Les phénomènes liés aux hautes vitesses sont désormais bien maîtrisés et la forme des avions est adaptée en conséquence.

AU-DELÀ DE LA VITESSE DU SON
Les ingénieurs de Bell Aircraft dessinèrent le fuselage du *X1* selon la forme d'un obus. C'était ce que l'on connaissait de plus efficace à l'époque en matière d'aérodynamique. L'avion était propulsé par un moteur fusée et largué depuis un bombardier *Boeing B 29*.

L'AÉRODYNAMIQUE
Avec l'augmentation de la vitesse, l'aérodynamique devient primordiale. Les pointillés rouges montrent la forme initiale du fuselage de ce *F.102* avant qu'il ne soit aminci pour répondre aux résultats des calculs aérodynamiques.

Sonde haute-vitesse
Elle recueille la pression de l'air durant le vol.

GLAMOROUS GLENNIS
Le capitaine Charles « Chuck » Yeager franchit le mur du son à 1 126 km/h à bord du *Bell X1* « Glamorous Glennis » nommé ainsi en hommage à sa femme.

LE MUR DU SON
En avançant, un avion repousse l'air devant lui. Cette surpression se propage comme une succession de vagues à la vitesse du son. L'avion crée ainsi devant lui une sorte de mur qu'il doit franchir.

VOL SUBSONIQUE
En dessous de Mach 1, les ondes de pression s'écoulent devant et derrière l'avion.

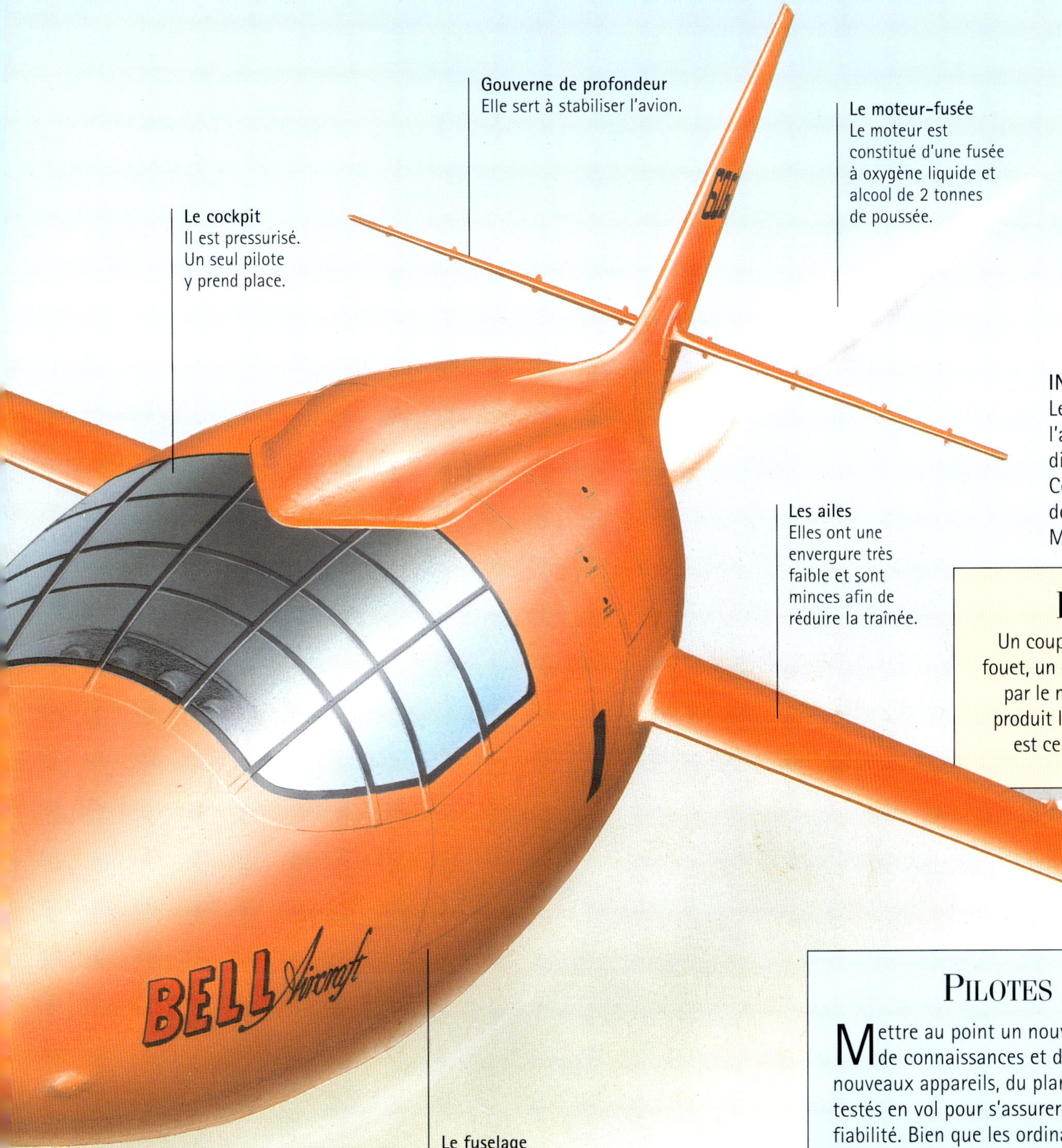

INDICATEUR DE VITESSE
Le machmètre indique la vitesse de l'avion en nombre de Mach, c'est-à-dire par rapport à la vitesse du son. Celle-ci varie avec la température et donc avec l'altitude. À 12 000 m, Mach 1 est égal à 1 060 km/h.

Le Savais-Tu ?

Un coup de tonnerre, un claquement de fouet, un coup de fusil sont des bruits créés par le même phénomène que celui qui produit le « bang » supersonique. Le bruit est cependant beaucoup moins fort.

VOL TRANSSONIQUE
À Mach 1, l'avion rattrape ses propres ondes de pression qui forment une sorte de barrière.

VOL SUPERSONIQUE
Au-delà de Mach 1, les ondes de pression forment un cône. Lorsqu'elles frappent le sol, le « bang » supersonique retentit.

Pilotes d'Essai

Mettre au point un nouvel avion requiert autant de connaissances et d'habileté que de courage. Tous les nouveaux appareils, du planeur au jet militaire, doivent être testés en vol pour s'assurer de leurs capacités et de leur fiabilité. Bien que les ordinateurs fournissent aujourd'hui beaucoup d'informations avant même le premier vol, les pilotes d'essai se lancent malgré tout dans l'inconnu en explorant le domaine de vol d'un avion.

Mécanique du vol

Quatre forces principales s'exercent sur un avion en vol. La portance est la force qui fait tenir l'avion en l'air. Elle est créée par l'écoulement de l'air sur l'aile et plus précisément par une différence de pression entre le dessus (extrados) et le dessous de l'aile (intrados). La portance équilibre le poids de l'avion.
La poussée est la force engendrée par le moteur à hélice ou le réacteur. Elle fait avancer l'avion et crée l'écoulement d'air sur les ailes. La poussée s'oppose à la traînée constituée de toutes les forces de frottement parasites créées par l'avion.
Pour se diriger, un avion dispose d'ailerons sur les ailes et d'une gouverne de profondeur située à l'empennage.
À l'arrière, une gouverne verticale dite de symétrie évite à l'avion de déraper en virage. Afin de rendre l'avion plus stable, ses ailes font souvent un léger angle avec le fuselage que l'on appelle le dièdre.

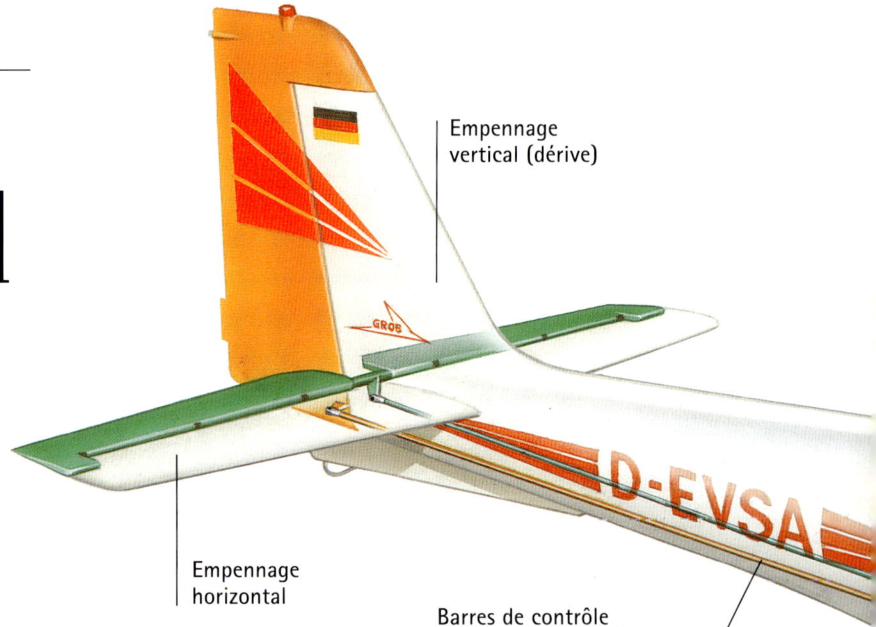

Barres de contrôle
Elles relient les commandes aux surfaces mobiles de contrôle.

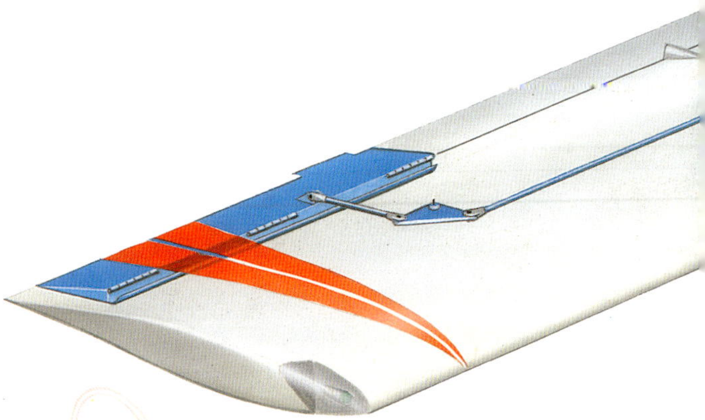

LE TANGAGE

Quand la gouverne de profondeur est braquée vers le haut, l'avion s'élève. Lorsqu'elle est horizontale, on dit « au neutre », l'avion est en vol rectiligne. Gouverne braquée vers le bas, l'avion descend ou pique.
Ce mouvement s'appelle le tangage.

Profondeur vers le haut

Aileron gauche braqué vers le bas

Aileron droit braqué vers le haut

LE ROULIS

L'aileron gauche est baissé augmentant la portance d'une aile, l'aileron droit est levé diminuant celle de l'autre aile. Cette différence crée une inclinaison des ailes. Ce mouvement s'appelle le roulis.

L'INCIDENCE

L'incidence représente l'angle que fait l'aile en pénétrant l'air. Afin de maintenir l'avion en vol, incidence et vitesse doivent constamment être maintenues dans un certain rapport.
Ce rapport influe sur la portance de l'aile.

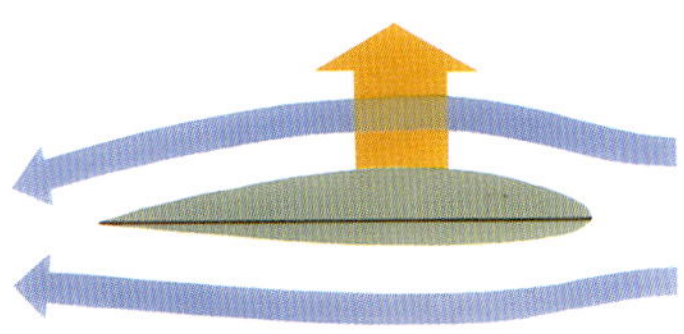

VOL EN PALIER

En vol en palier, l'incidence est très faible, de l'ordre de quelques degrés.

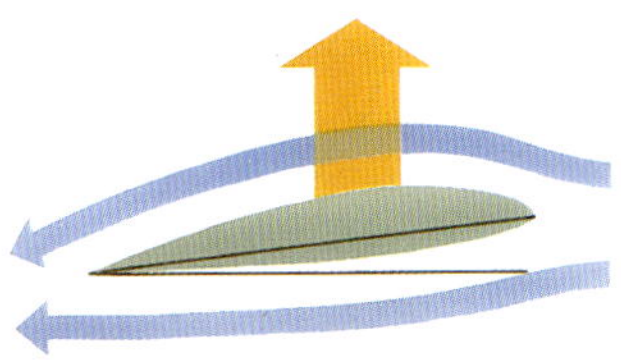

EN MONTÉE

L'angle d'incidence augmente, la traînée également et la vitesse diminue.

LE DÉCROCHAGE

Une incidence trop augmentée provoque un décrochage.
Les filets d'air s'écoulent mal, la portance devient trop faible pour équilibrer le poids de l'avion, il tombe.

Le fuselage
C'est la partie centrale de l'avion. Au milieu se trouve le cockpit et à l'avant le moteur. Il est profilé au mieux pour limiter la résistance à la pénétration dans l'air.

Le manche à balai
Il bouge latéralement pour contrôler les ailerons et donc le roulis. En le faisant bouger d'avant en arrière, on actionne la gouverne de profondeur.

Le Savais-Tu ?

Plus un avion prend de l'altitude, plus la pression de l'air diminue. Ces changements de pression peuvent produire des douleurs dans les oreilles.

L'hélice
Elle est composée de plusieurs pales dessinées comme de petites ailes. En tournant, elle transforme la puissance du moteur en poussée.

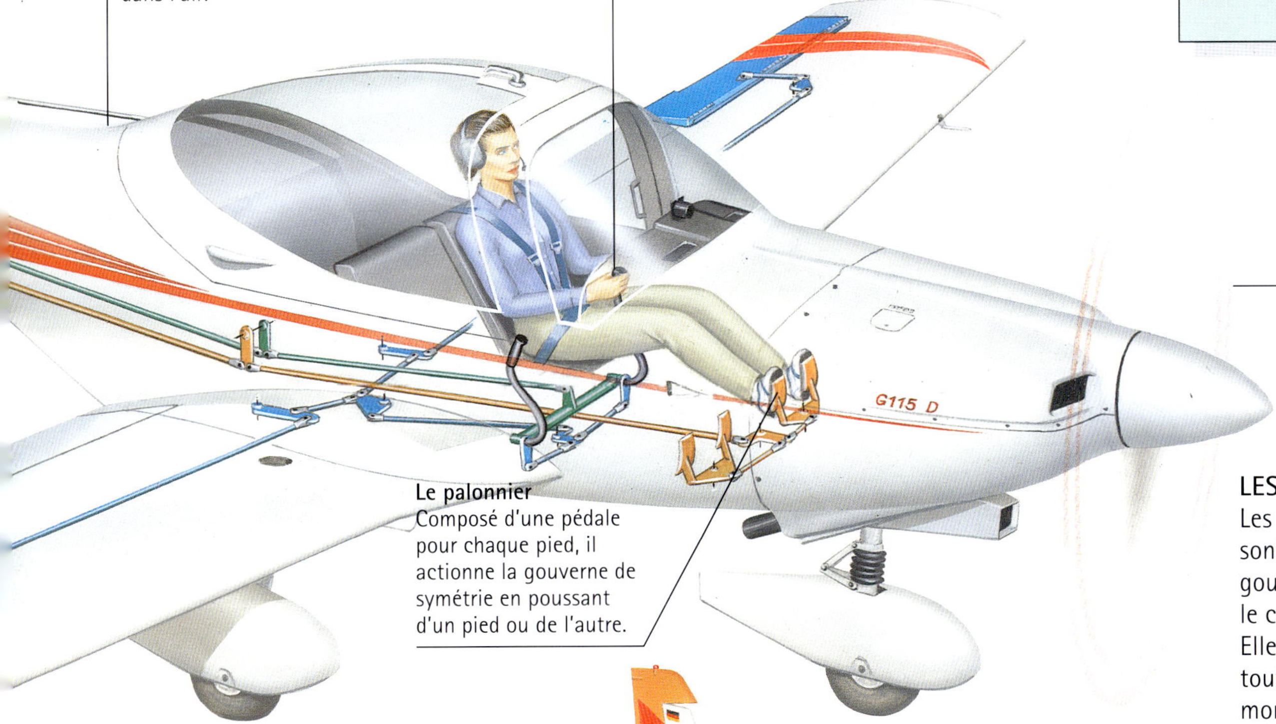

Le palonnier
Composé d'une pédale pour chaque pied, il actionne la gouverne de symétrie en poussant d'un pied ou de l'autre.

LES GOUVERNES

Les ailerons, la profondeur, la symétrie sont des surfaces mobiles appelées gouvernes. Elles sont actionnées depuis le cockpit par le manche et le palonnier. Elles permettent de placer l'avion dans toutes les situations de vol : virage, montée, descente, figures acrobatiques.

Gouverne de symétrie braquée à droite

LE LACET

Lorsque l'avion est en virage ailes inclinées, la gouverne de symétrie est braquée à l'aide du palonnier du côté de l'aile basse. Ce mouvement simultané du manche et du palonnier est appelé « conjugaison ». Il corrige le mouvement latéral du nez de l'avion et évite les virages dérapés. Le mouvement latéral de l'avion s'appelle le lacet.

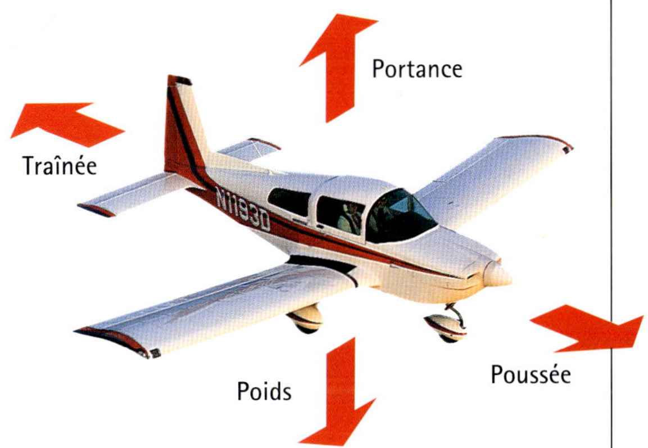

Lorsqu'un avion est en vol rectiligne en palier, les quatre forces ci-dessus s'équilibrent deux à deux. Seule la poussée est supérieure à la traînée, ce qui donne à l'avion son mouvement vers l'avant.

Volets Hyper-sustentateurs

Lorsqu'un oiseau se pose, il déploie au maximum les plumes de ses ailes pour toucher le sol en douceur. Les pilotes font de même en déployant des volets et des becs de bord d'attaque qui augmentent la portance. On les appelle dispositifs hypersustentateurs.

Pour en savoir plus, rendez-vous à la page *Les aéroports*

• COMMENT ÇA MARCHE ? •

Le poste de pilotage

Le poste de pilotage est le centre névralgique de l'avion. Tous les instruments de navigation, indicateurs, cadrans et aujourd'hui ordinateurs y sont regroupés. Lors de son premier vol, Orville Wright ne disposait d'aucun instrument. De nos jours, un cockpit de *Boeing 747* peut contenir jusqu'à 971 cadrans et interrupteurs. Autrefois, il fallait lire les cartes, aujourd'hui il n'est même plus nécessaire de voir le sol. La position de l'avion est calculée par des satellites et des ordinateurs puissants permettant un pilotage automatique.

MANETTE DES GAZ
Cet ensemble de leviers est celui d'un *B-52*. Chacun contrôle le régime d'un des 8 réacteurs.

AUX COMMANDES
Le cockpit ci-dessous est celui d'un *Spitfire*, le meilleur chasseur anglais de la Seconde Guerre mondiale. Les instruments de la planche de bord sont assez peu différents de ceux que l'on trouve aujourd'hui encore sur un petit avion de tourisme.

POSTE DE PILOTAGE D'UN *BOEING 747*
L'équipage d'un avion de ligne moderne prend place dans un confortable poste de pilotage où dominent d'impressionnants écrans d'ordinateurs.

Simulateurs de vol

Les pilotes se forment et s'entraînent sur des machines au sol : les simulateurs de vol. Ils sont conçus comme de véritables cockpits et recréent toutes les attitudes de l'avion. De puissants ordinateurs les actionnent. Un programme informatique produit également des images représentant la vision réelle du pilote et même le son. C'est en quelque sorte un jeu vidéo grandeur nature !

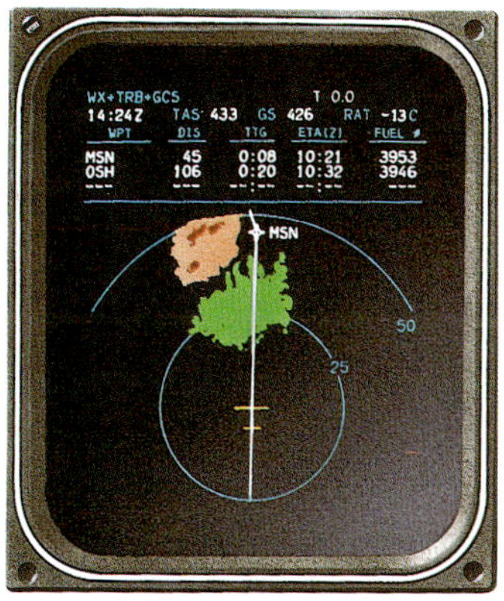

ÉCRAN DE NAVIGATION
Cet écran indique la position de l'avion et sa route sur une carte électronique. Il indique également quelques informations essentielles : vitesse, consommation en carburant, distance et temps nécessaire pour rejoindre le prochain point de passage.

ÉCRAN DE VOL PRINCIPAL
Sur les avions récents, tous les instruments nécessaires au vol sans visibilité ont été regroupés sur un seul écran afin de faciliter la tâche du pilote. Finis les multiples cadrans comme ceux utilisés dans le *Spitfire*.

Les aéroports

Les premiers aéroports ont été construits dans les années 20. Une simple piste en herbe et quelques hangars surmontés de feux suffisaient. Les aéroports d'aujourd'hui atteignent des tailles gigantesques et sont de véritables petites villes. Ils se composent de plusieurs pistes dont certaines peuvent dépasser 4 km d'aires de circulation et de stationnement pour les avions. Le personnel au sol s'occupe aussi bien de l'accueil des passagers que de l'assistance aux avions. La tour de contrôle assure la régulation du trafic autour de l'aéroport. L'aéroport ayant le plus fort trafic est l'aéroport O'Hare de Chicago avec 2 000 mouvements d'avions par jour. L'aéroport de Roissy-Charles de Gaulle est le plus grand aéroport français.

PISTES ET TAXIWAYS
Afin d'assurer une bonne fluidité du trafic, les grands aéroports comme celui de San Francisco disposent d'un réseau d'aires de stationnement, de taxiways (des voies de circulation) menant les avions à plusieurs pistes d'atterrissage et de décollage.

TOUR DE CONTRÔLE
La tour de contrôle domine l'ensemble de l'aéroport. Les contrôleurs assurent la régulation du trafic au sol mais aussi de tous les avions en approche ou au départ.

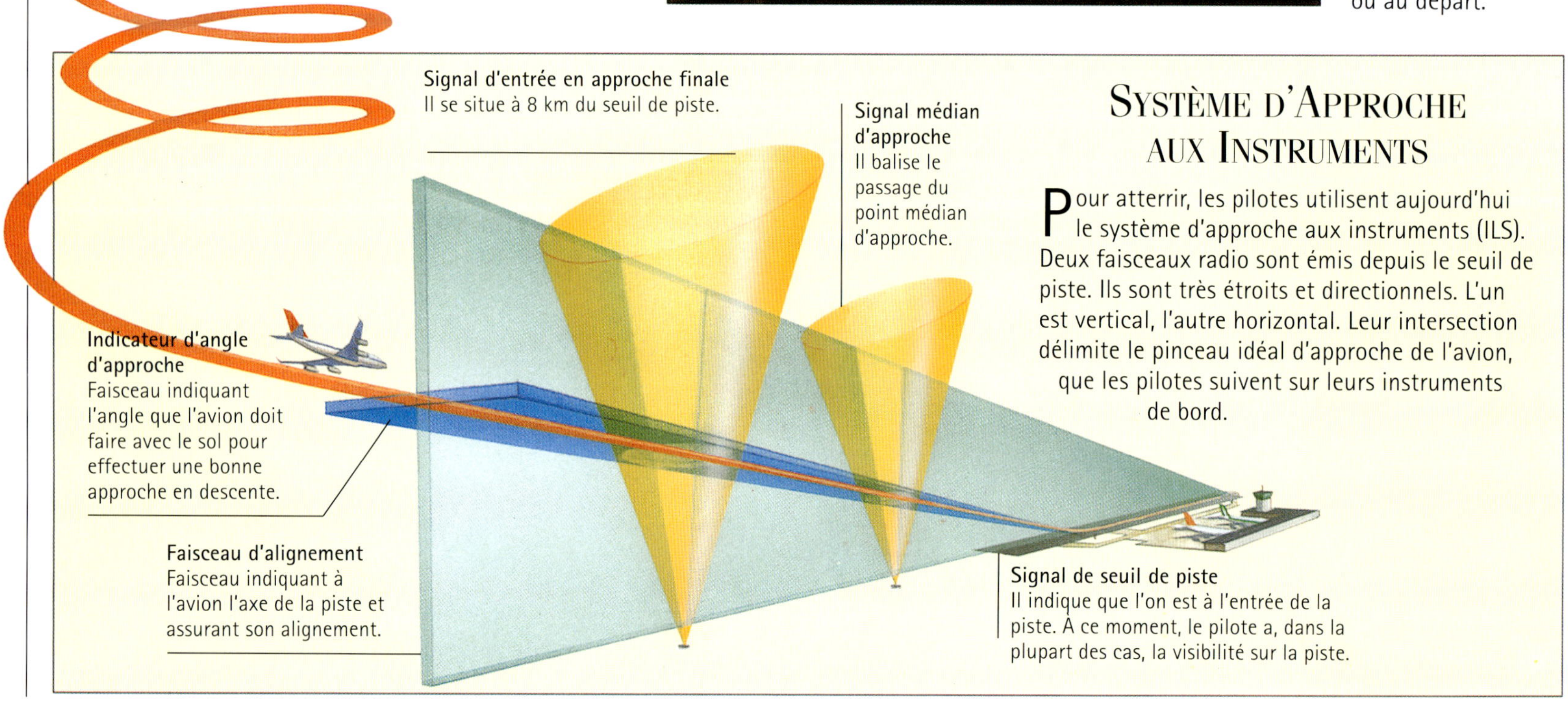

Système d'Approche aux Instruments

Pour atterrir, les pilotes utilisent aujourd'hui le système d'approche aux instruments (ILS). Deux faisceaux radio sont émis depuis le seuil de piste. Ils sont très étroits et directionnels. L'un est vertical, l'autre horizontal. Leur intersection délimite le pinceau idéal d'approche de l'avion, que les pilotes suivent sur leurs instruments de bord.

CHACUN À SON POSTE

Le personnel au sol s'affaire autour de cet *Airbus A300*. En 90 minutes maximum l'avion doit être nettoyé, vérifié, chargé, le plein de carburant fait. Il embarquera alors à nouveau jusqu'à 375 passagers.

Le Savais-Tu ?

À l'atterrissage et au décollage, les pneus des avions de ligne atteignent de très hautes températures. Pour prévenir les risques d'inflammation, ils sont gonflés au nitrogène, un gaz non inflammable.

Comment font les pilotes pour se poser lorsque la visibilité est très mauvaise ?

Les dirigeables

Le premier ballon dirigeable fut mis au point par l'ingénieur français Henri Giffard en 1852. Il était propulsé par un moteur à vapeur peu puissant qui ne lui permettait pas de remonter le vent. En 1900, le comte von Zeppelin, un Allemand, construisit le premier dirigeable à armature rigide. Plus long qu'un terrain de football, il était constitué d'une armature et d'une enveloppe renfermant des cellules gonflées à l'hydrogène, un gaz plus léger que l'air mais très inflammable. Durant la Première Guerre mondiale, les *Zeppelin* servirent à bombarder Londres de nuit. Pendant l'entre-deux-guerres les *Zeppelin* géants tel le *Hindenburg* transportèrent des milliers de passagers au-dessus de l'Atlantique. Leur carrière prit brutalement fin en 1937 avec l'explosion dramatique du *Hindenburg*.

TERRIBLE CATASTROPHE
À l'approche de son mât d'amarrage aux États-Unis, le *Hindenburg* s'enflamma brutalement. L'hydrogène brûla à une vitesse stupéfiante mais il y eut tout de même 62 rescapés sur les 97 passagers.

VOYAGE DE LUXE
Le *Graf Zeppelin* était le plus luxueux des dirigeables. Propulsé par cinq moteurs à hélice, il atteignait 128 km/h.

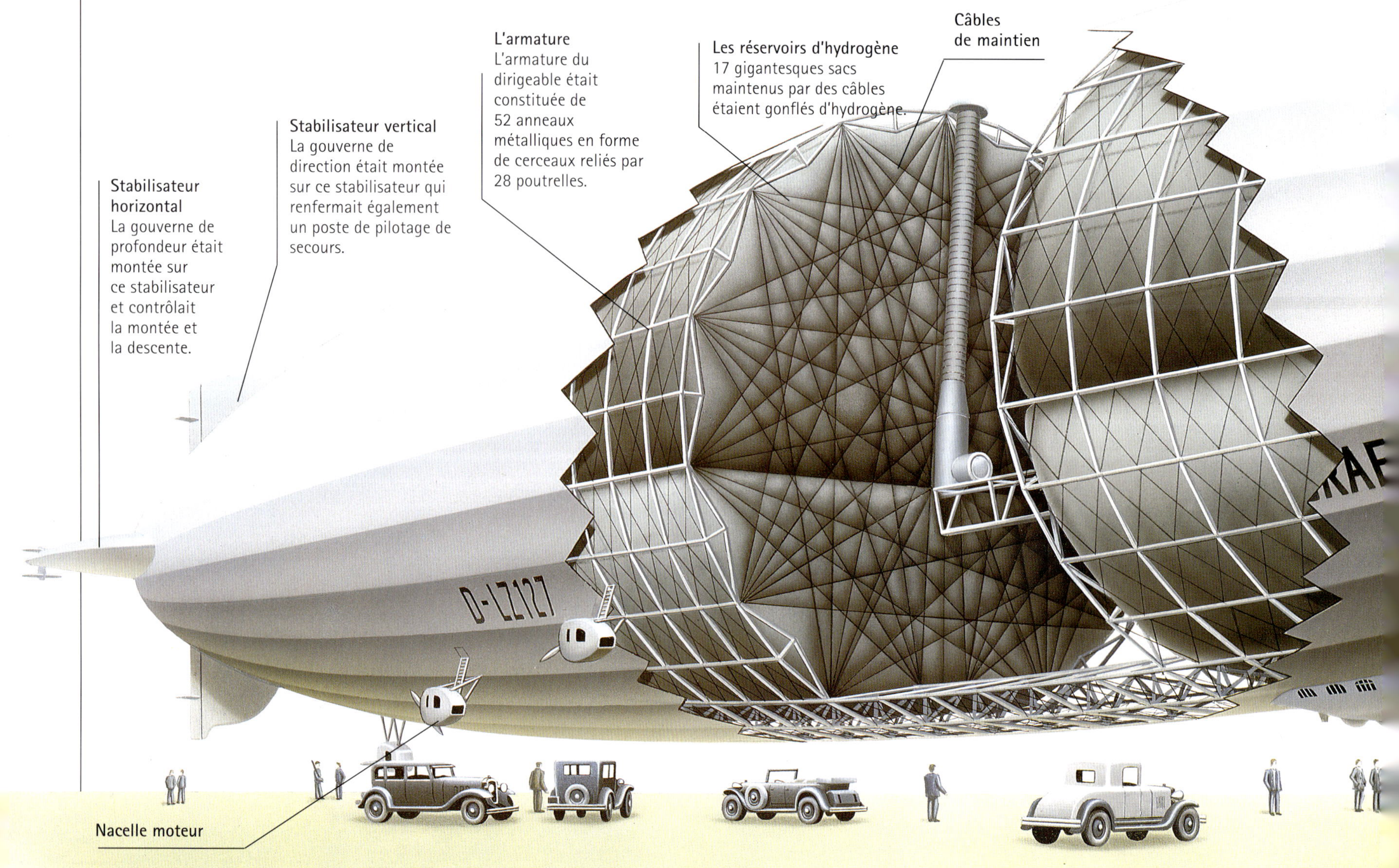

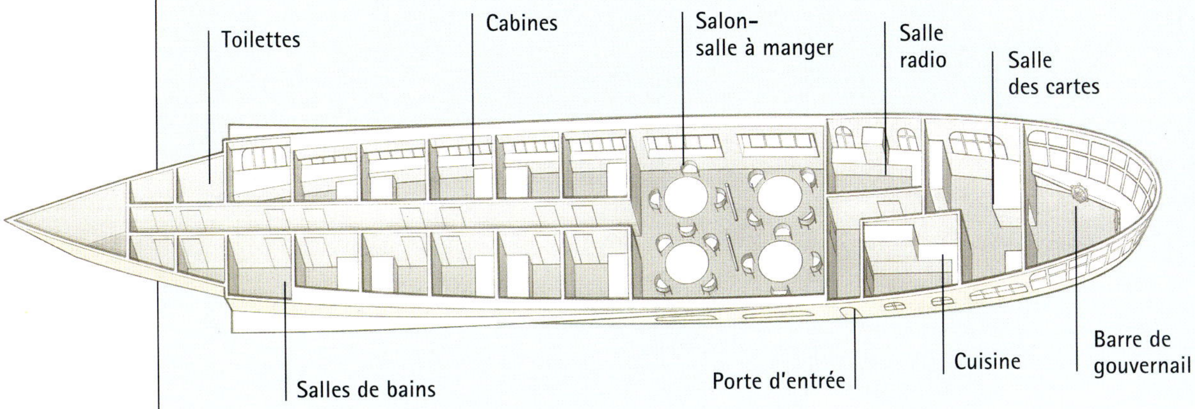

La Nacelle Passagers

La nacelle principale se partageait entre l'espace réservé aux passagers et celui occupé par le poste de pilotage. À bord du *Graf Zeppelin* il y avait 10 cabines passagers équipées de salles de bains. Un salon-salle à manger occupait le centre de la nacelle. L'équipage, composé de 40 membres, logeait dans des cabines situées dans l'enveloppe du dirigeable.

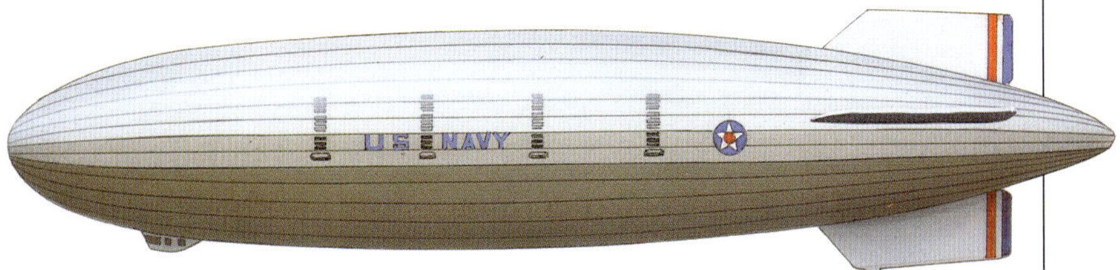

3 – ***USS Macon***
Ce dirigeable a été construit en 1933 par la Marine américaine.

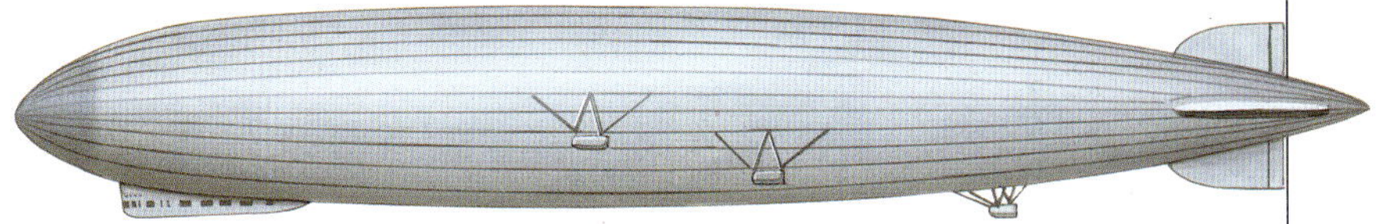

Graf Zeppelin
Il fit son premier vol en 1928 et transportait 20 passagers.

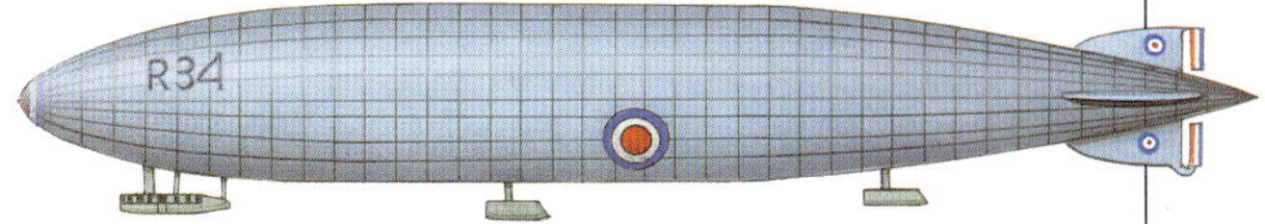

R-34
Il fut le premier dirigeable à traverser l'Atlantique Nord en 1919.

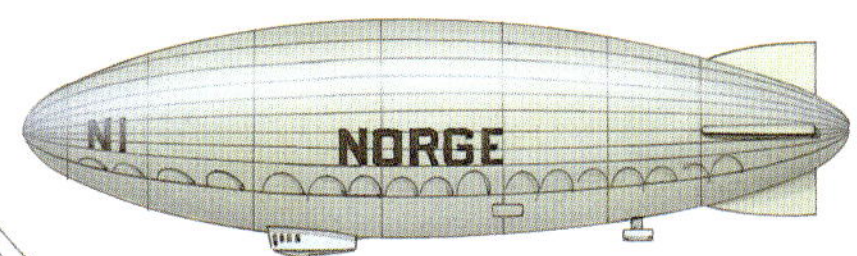

Norge
Les explorateurs Nobile et Amundsen rejoignirent le pôle Nord en 1926 à bord de ce dirigeable.

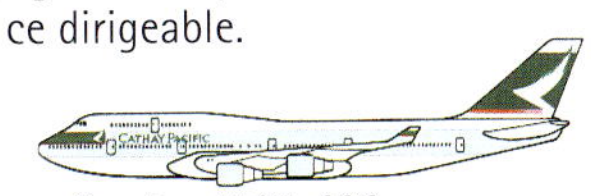

Boeing 747-400
Il transporte aujourd'hui 19 fois plus de passagers que ne le faisait le *Graf Zeppelin*.

Santos-Dumont
En 1901, le Brésilien Santos-Dumont fit le tour de la tour Eiffel à bord de son dirigeable.

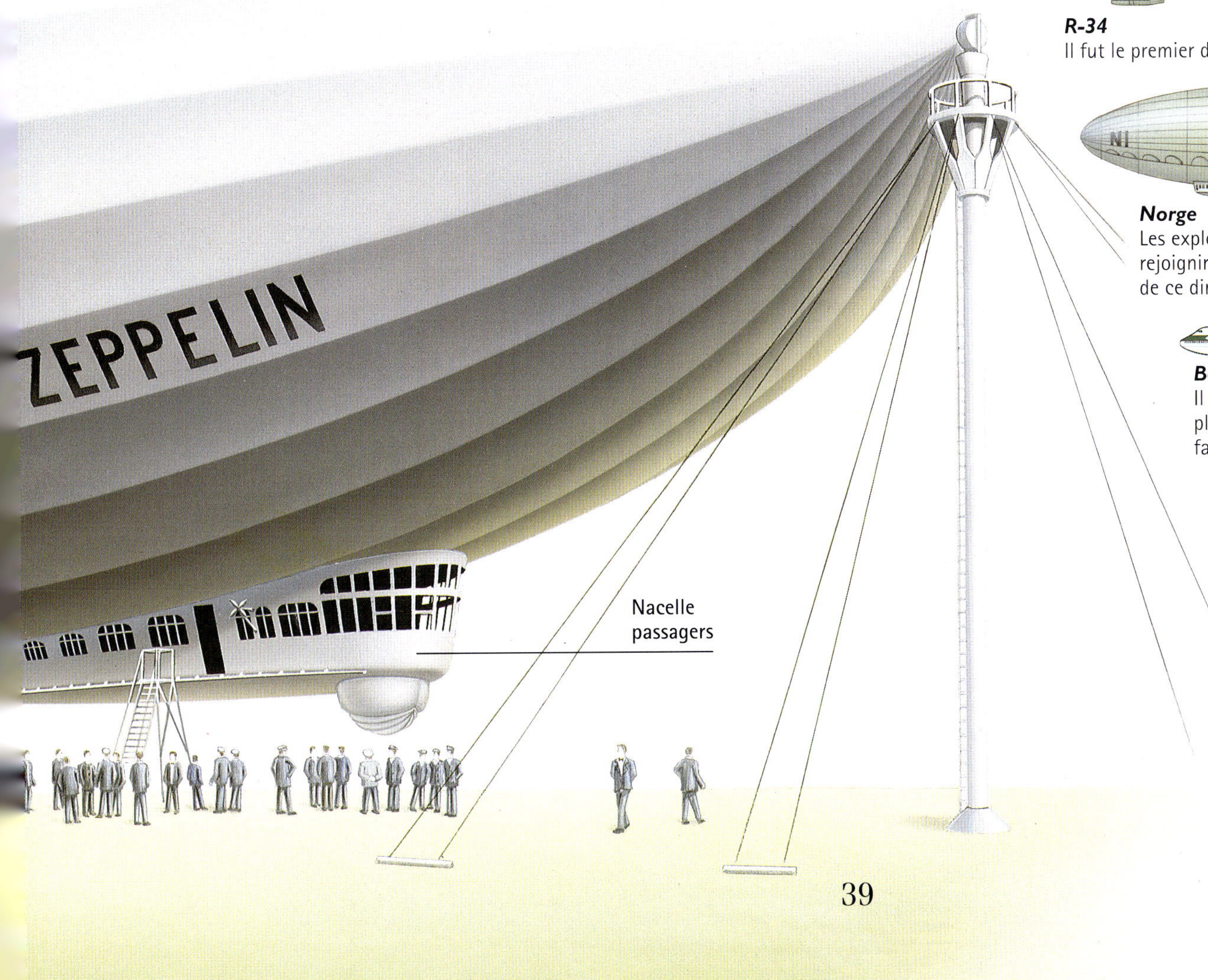

Les hydravions

Les années 30 marquèrent l'âge d'or des hydravions. On pensait qu'ils étaient la solution idéale pour les longs vols transocéaniques. En cas de panne, ils avaient toujours la possibilité de se poser sur l'eau alors que les avions conventionnels semblaient encore peu sûrs pour affronter les longues distances. Les lignes aériennes assurées par des hydravions s'étendaient vers l'Amérique du Nord, du Sud et l'Asie. Elles entraient en compétition avec les lignes maritimes. Le *Boeing 314 Clipper* était le plus gros hydravion de l'époque. Il emportait 74 passagers et 8 membres d'équipage. Après la Seconde Guerre mondiale, les hydravions s'effacèrent devant les avions conventionnels devenus plus sûrs. Toutes les grandes villes s'étaient également équipées d'aéroports.

SUR LES FLOTS ET DANS LES AIRS
Pan American Airways avait donné le nom de « Clippers » à ses hydravions pour rappeler celui des voiliers rapides du siècle dernier.

UN GÉANT
L'énorme *Boeing 314* était équipé de 4 moteurs qui lui permettaient d'atteindre une vitesse de 280 km/h. Il pouvait parcourir 5 600 km sans escale.

UN ÉCHEC
Ce *Caproni* de 1921, un hydravion géant à 9 ailes conçu pour transporter 100 passagers, fut un échec total. Il s'écrasa lors de son premier vol d'essai.

TROIS TYPES D'HYDRAVIONS

Amphibie
Son train rentrant lui permet de décoller depuis une piste ou un plan d'eau.

Hydravion à flotteurs
Le fuselage est relié à deux flotteurs indépendants.

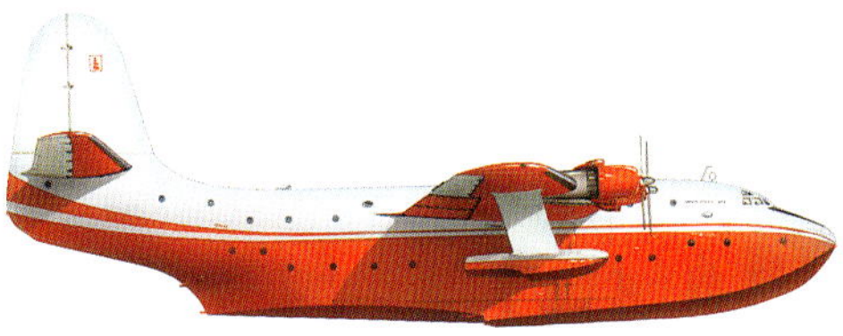

Hydravion à coque
La partie basse du fuselage est conçue comme la coque d'un navire.

Les Hydravions Autour du Globe

Les hydravions assuraient le service de la plupart des premières lignes transocéaniques. La compagnie Pan American Airways avait mis en service dès le milieu des années 30 ses *Commodores* et *S.42* sur l'Amérique du Sud et les *M-130* traversaient le Pacifique. En 1938, les *S.23* reliaient l'Angleterre à l'Australie et en 1939 un *Boeing 314* traversait l'Atlantique sans escale. Les *Catalinas* furent très utilisés pendant la Seconde Guerre mondiale.

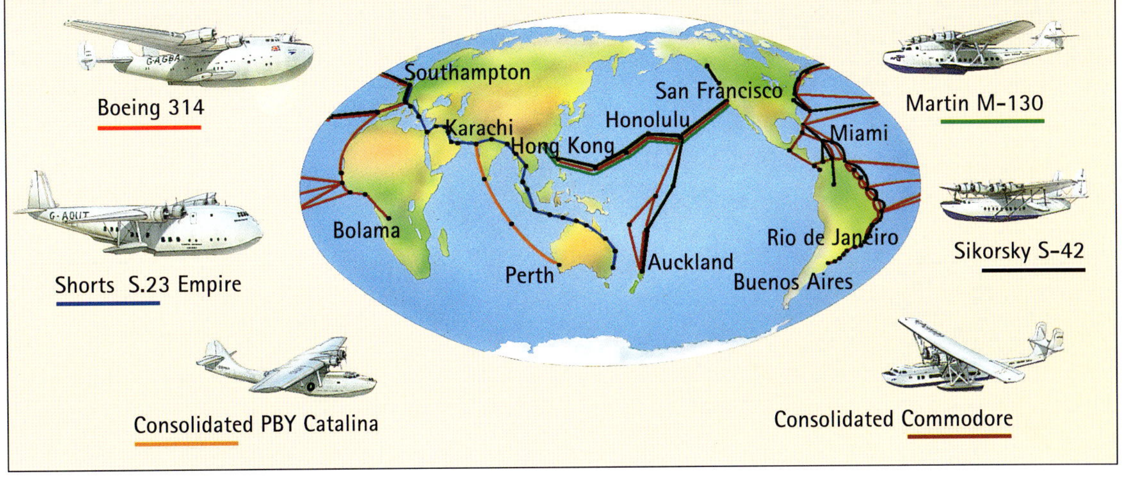

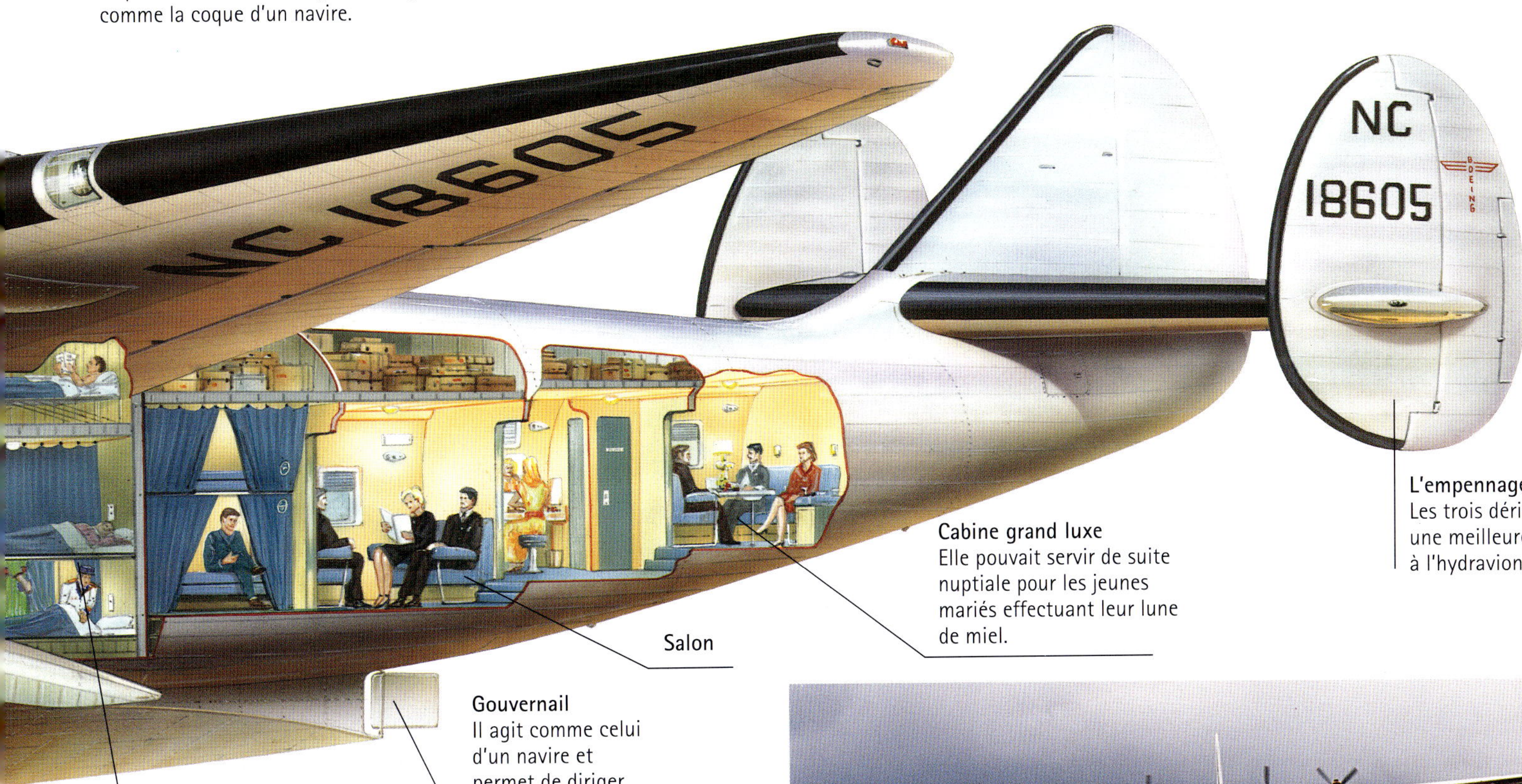

L'empennage
Les trois dérives donnent une meilleure stabilité à l'hydravion.

Cabine grand luxe
Elle pouvait servir de suite nuptiale pour les jeunes mariés effectuant leur lune de miel.

Salon

Gouvernail
Il agit comme celui d'un navire et permet de diriger l'hydravion sur l'eau.

Cabines convertibles
Des couchettes rabattables sont dépliées pour la nuit.

POMPIER VOLANT
Le *Martin Mars* est un hydravion utilisé aujourd'hui dans la lutte contre les incendies de forêt. Il peut écoper sur un plan d'eau et remplir ainsi ses réservoirs de 275 000 litres d'eau en 30 secondes. Il largue l'eau au-dessus du feu.

1919 ***Junkers F/13***
Premier avion de ligne entièrement métallique, il emportait 4 passagers à 168 km/h.

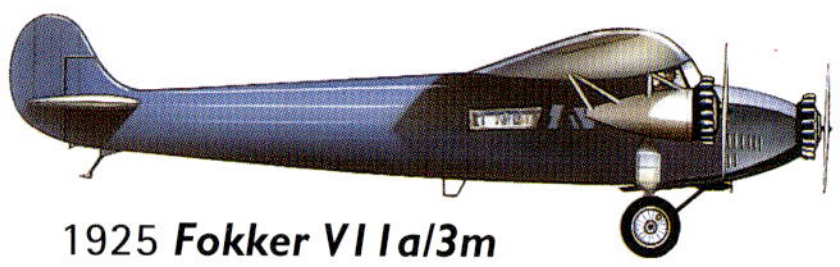

1925 ***Fokker VIIa/3m***
Trimoteur emportant 8 passagers à 185 km/h.

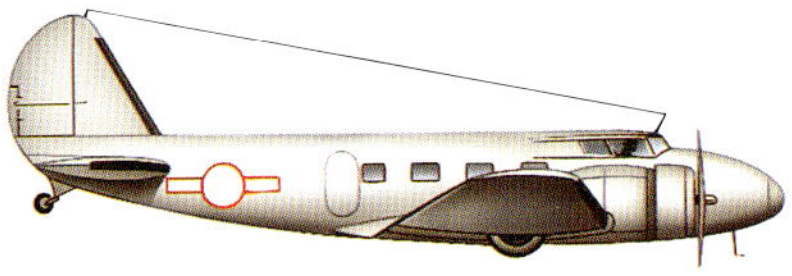

1933 ***Boeing 247D***
Premier avion de ligne à train rentrant. Il volait à 320 km/h. Sa capacité était de 10 passagers.

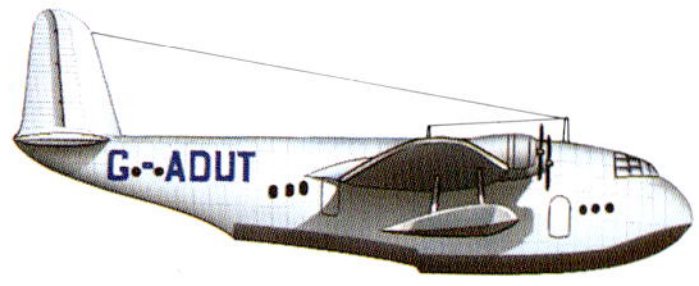

1936 ***Short C-Class***
Cet hydravion assurait les lignes entre l'Angleterre et l'Australie. Il emportait 24 passagers et volait à 320 km/h.

TIMIDES DÉBUTS
Des habitants de Winton en Australie se ruent autour de ce *BE2*, un des premiers avions utilisé par la compagnie QUANTAS en 1922.

BAGAGES SOUS SURVEILLANCE
Par sécurité, tous les bagages embarqués sont passés aux rayons X avant leur chargement. On peut ainsi détecter les objets dangereux comme ce pistolet que l'on distingue ci-dessous.

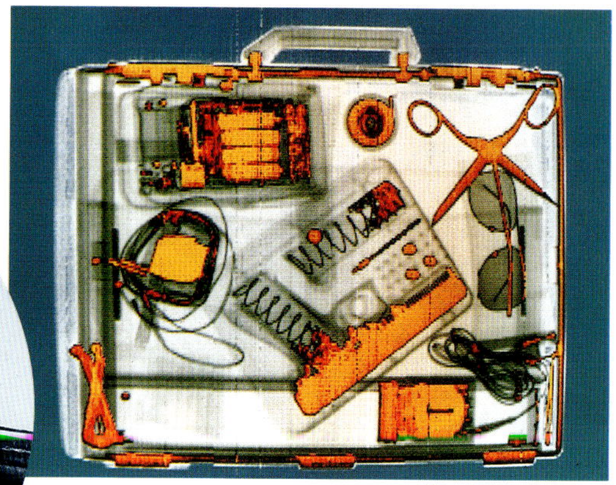

LOCKHEED ELECTRA
Cet avion court-courrier de 1934 pouvait accueillir 12 passagers.

PREMIÈRES HOTESSES
En 1930, United Airlines recruta les premières hôtesses de l'air. Elles étaient toutes infirmières diplômées et avaient moins de 25 ans.

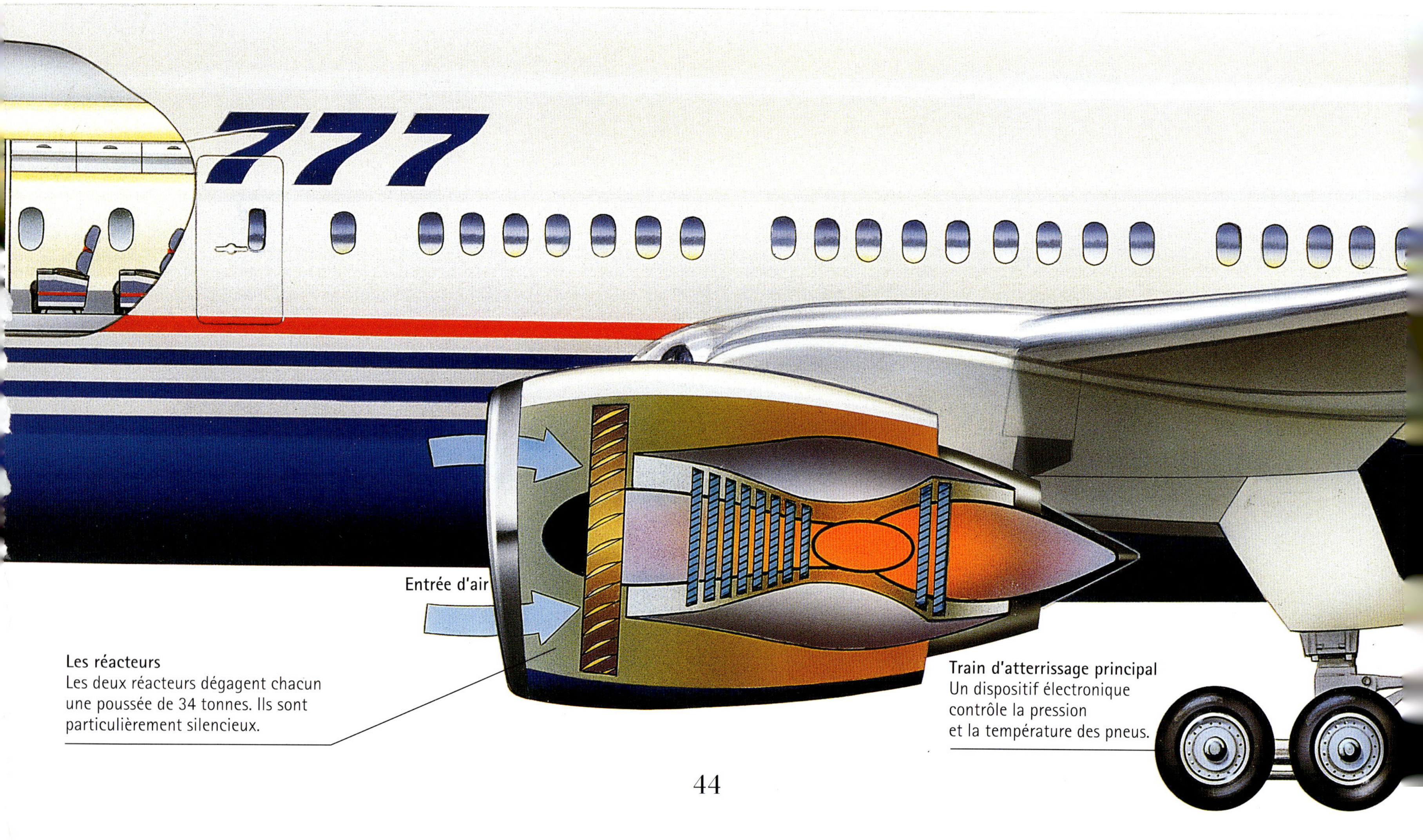

Les réacteurs
Les deux réacteurs dégagent chacun une poussée de 34 tonnes. Ils sont particulièrement silencieux.

Train d'atterrissage principal
Un dispositif électronique contrôle la pression et la température des pneus.

Les avions de ligne

Aujourd'hui, des millions de passagers empruntent les lignes aériennes et les plus gros avions tel le *Boeing 747* peuvent emporter jusqu'à 400 passagers. La première ligne régulière démarra en 1914 aux États-Unis et en Europe des lignes aériennes s'établirent rapidement entre Paris et Bruxelles et Paris et Londres. Les premiers avions de ligne étaient des bombardiers de la Première Guerre mondiale transformés. Ils furent rapidement remplacés par des avions construits spécialement pour cet usage comme les *Fokker* et les *Junker*. Le *DC-3*, construit dans les années 30, connut un énorme succès. En 1952, le *de Havilland Comet* devint le premier avion de ligne à réaction. Le *Boeing 707* inaugura l'ère des jets transcontinentaux et, en 1969, Boeing lança le *747*, le géant des airs.

L'ÂGE D'OR DE L'HÉLICE
Plus de 13 000 *Douglas DC-3* ont été construits. Il eut dès son apparition en 1936 un grand succès. Plus de 1 000 *DC-3* volent encore aujourd'hui.

CABINE GRAND LUXE
La cabine du *Hercules Heracles* était conçue sur le modèle des luxueux wagons de chemin de fer.

LE *BOEING 777*
Ce tout dernier modèle de Boeing est un biréacteur qui emporte jusqu'à 440 passagers. Il est plus économique et, plus silencieux que le *747*.

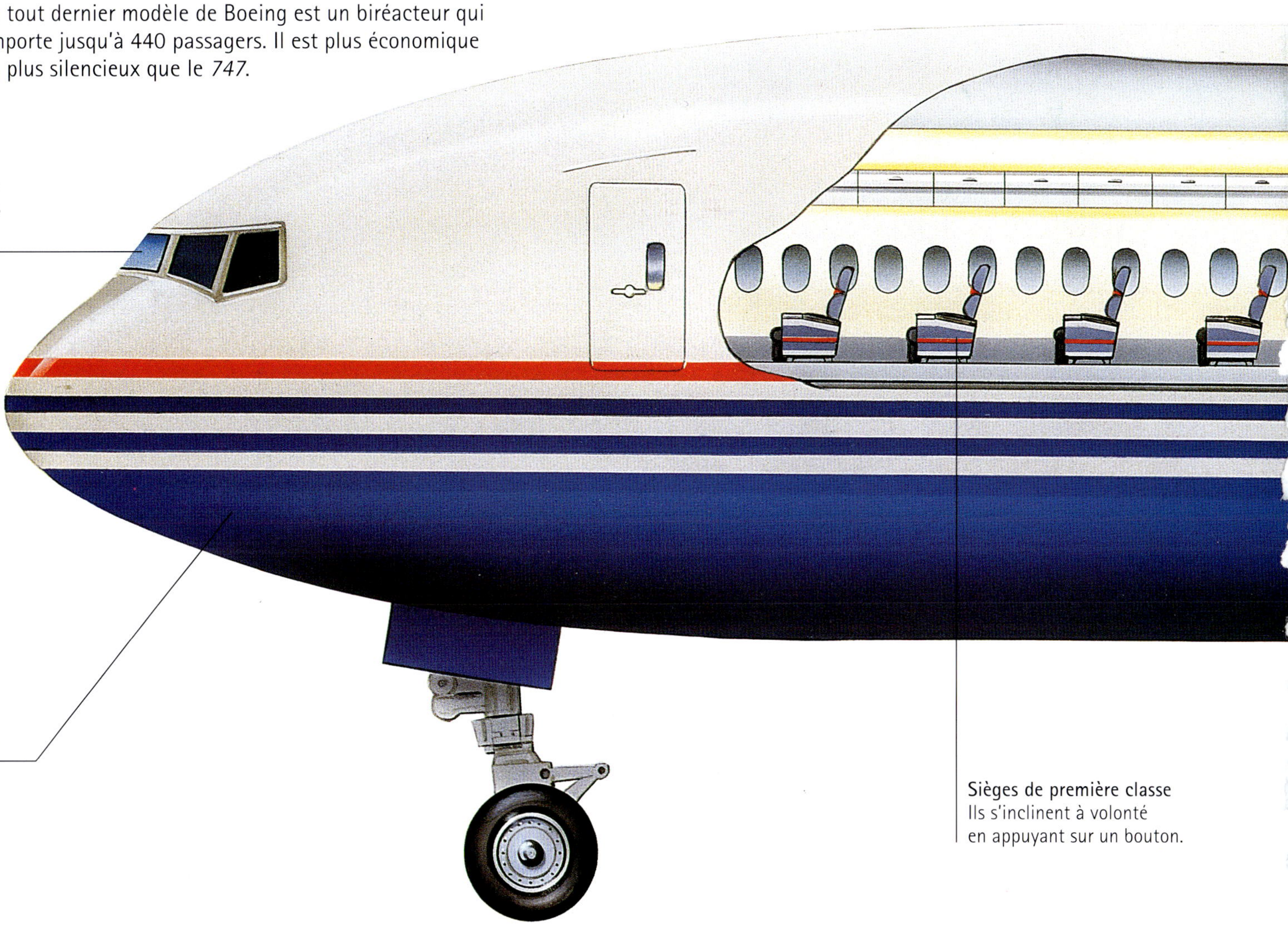

Pare-brise
Un traitement spécial augmente la visibilité en cas de pluie.

Air conditionné
La cabine est alimentée par de l'air réchauffé par les réacteurs.

Sièges de première classe
Ils s'inclinent à volonté en appuyant sur un bouton.

SOLUTION INTERMÉDIAIRE
L'Espagnol Juan de la Cierva mit au point l'autogire en 1925. C'était un engin intermédiaire entre l'avion et l'hélicoptère.

Les hélicoptères

Les hélicoptères peuvent voler dans tous les sens : en avant, sur le côté, en arrière. Ils peuvent également faire du surplace et se poser dans un espace très restreint. Cela leur donne un énorme avantage sur les avions. Léonard de Vinci avait dessiné les plans d'un engin proche de l'hélicoptère dès le début du XVIe siècle, mais ce n'est qu'en 1907 que le Français Paul Cornu réalisa le premier bond en hélicoptère. Les grands progrès vinrent des travaux d'Igor Sikorsky, aux États-Unis, après la Seconde Guerre mondiale. Il résolut le problème de l'instabilité des hélicoptères en mettant au point le rotor anticouple. Aujourd'hui, les hélicoptères sont utilisés pour le sauvetage, les travaux aériens ou les reportages ; ils sont devenus indispensables à notre vie.

SAUVETAGE EN MER
Le pilote de ce *Bell JetRanger* maintient l'hélicoptère en vol stationnaire pendant qu'un opérateur treuille un naufragé pour le hisser à bord. Le vol stationnaire nécessite un dosage délicat des trois commandes à la fois.

Commande de pas cyclique
Elle commande l'inclinaison de tout le rotor et permet de se diriger dans la direction choisie.

Commande de pas collectif
Le levier permet de changer le pas des pales du rotor et donc de contrôler la montée ou la descente.

Pédales de palonnier
Elles actionnent le pas des pales du rotor anticouple stabilisant ou faisant pivoter l'hélicoptère sur lui-même.

MOMENT HISTORIQUE
En 1907, Paul Cornu se maintient en vol stationnaire pendant 20 secondes à 30 cm du sol. Hélas, son engin fragile se brise en morceaux en retombant au sol.

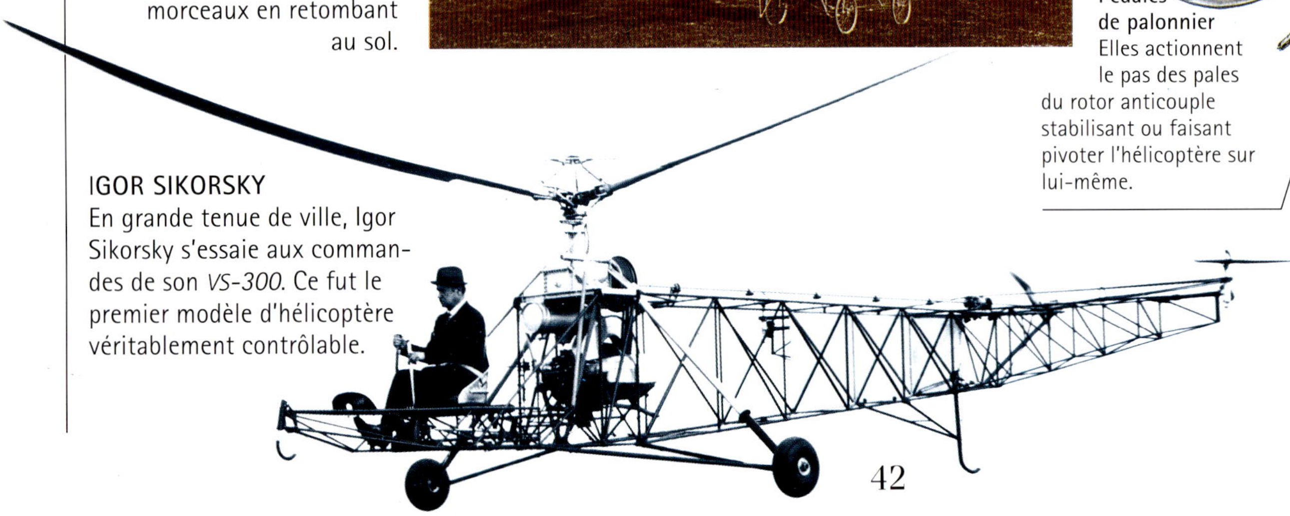

IGOR SIKORSKY
En grande tenue de ville, Igor Sikorsky s'essaie aux commandes de son *VS-300*. Ce fut le premier modèle d'hélicoptère véritablement contrôlable.

Les avions au travail

Les avions furent très tôt utilisés pour toutes sortes d'usages civils. Les services postaux aériens apparurent dès 1911 et se répandirent à travers les continents durant l'entre-deux-guerres. Aux États-Unis, au cours des années 20, on commença à employer les avions pour pulvériser des insecticides sur les récoltes. Ils servirent aussi très rapidement à transporter du matériel industriel dans des zones inhospitalières et peu aménagées. Aujourd'hui les avions servent aux évacuations médicales, au ravitaillement des villes isolées, à la lutte contre les incendies de forêt, et à bien d'autres tâches encore. Nous avons appris à nous en servir pour toutes sortes de missions et pourrions désormais difficilement nous en passer.

L'ŒIL VOLANT
L'*Optica* est un avion conçu pour l'observation au sol. Il vole lentement et son cockpit offre une grande visibilité.

SURVEILLANCE AÉRIENNE
Les gardes-côtes américains utilisent de petits jets comme ce *Falcon* pour surveiller les milliers de kilomètres de côtes.

GARDIEN DE TROUPEAU
L'hélicoptère peut même servir dans les très grands élevages à surveiller et rassembler un troupeau de bétail.

UNE BÊTE DE SOMME
Le *Hercules* est le plus gros des avions-cargos. Sa porte arrière permet un chargement rapide ou des parachutages. Il peut se poser sur des pistes très sommaires. Ce *Hercules* des Nations unies ravitaille un village africain.

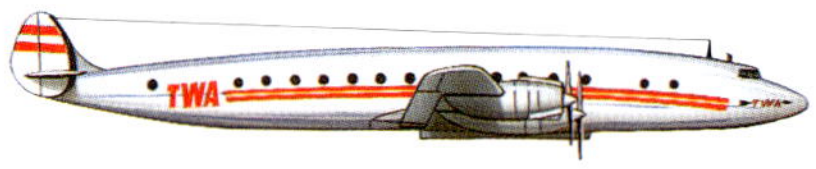

1943 ***Lockheed Constellation***`
Il fut le long-courrier à hélices le plus perfectionné de l'après-guerre. Il emportait 54 passagers à 450 km/h.

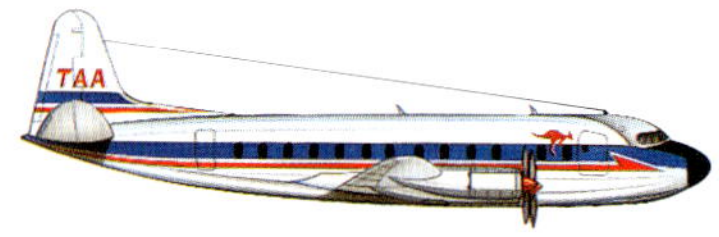

1948 ***Vickers Viscount***
Premier avion de ligne à turbo propulseurs, il volait à 506 km/h avec 47 passagers à bord.

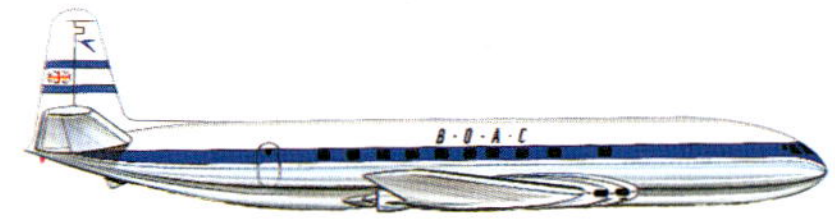

1949 ***De Havilland Comet I***
Premier avion de ligne à réaction, il emportait 44 passagers à 784 km/h.

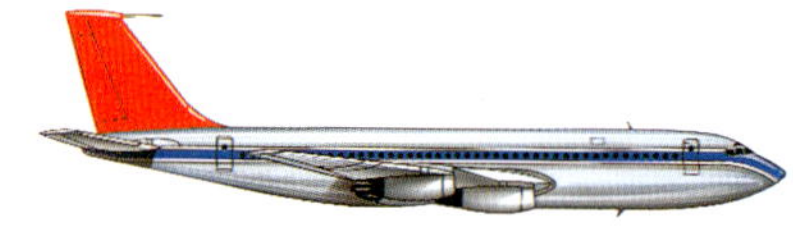

1957 ***Boeing 707-120***
Ce long-courrier connut un succès énorme avant l'arrivée des avions très gros porteurs. Il volait à 960 km/h avec 143 passagers.

B-767

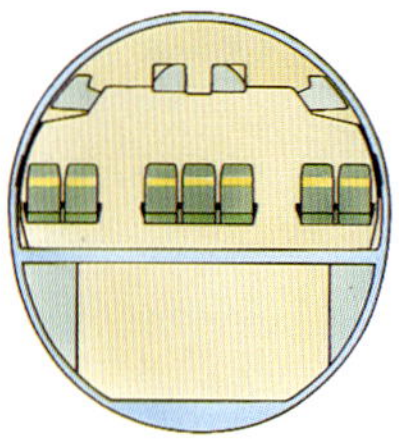

B-777

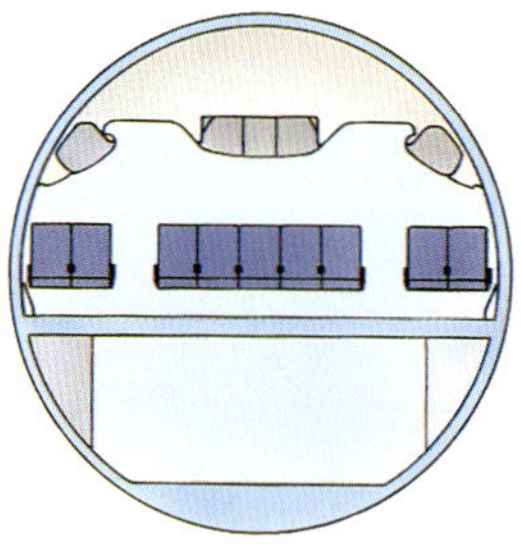

B-747

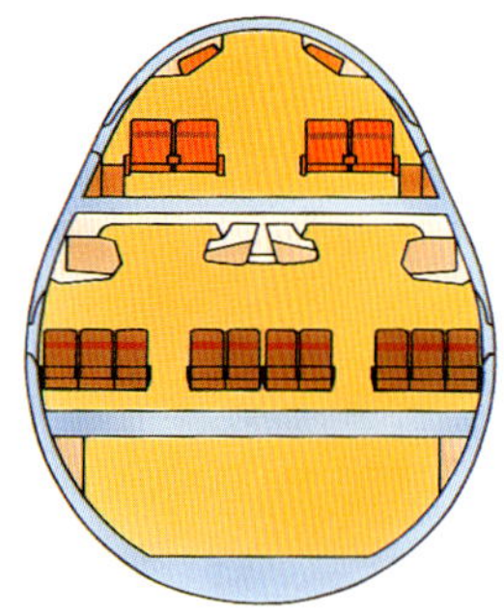

GROS PORTEURS
Les avions ayant un fuselage de grand diamètre emportent plus de passagers que les avions étroits. Ci-dessus, cette vue en coupe compare le diamètre du fuselage de trois Boeing. Pour augmenter la capacité, il est préférable d'augmenter la largeur d'un fuselage plutôt que sa longueur.

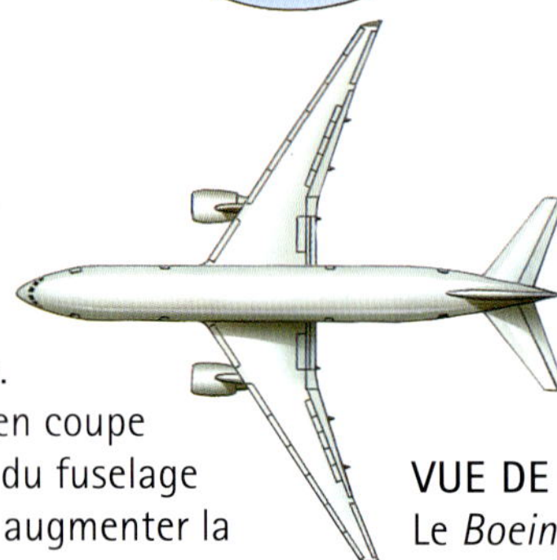

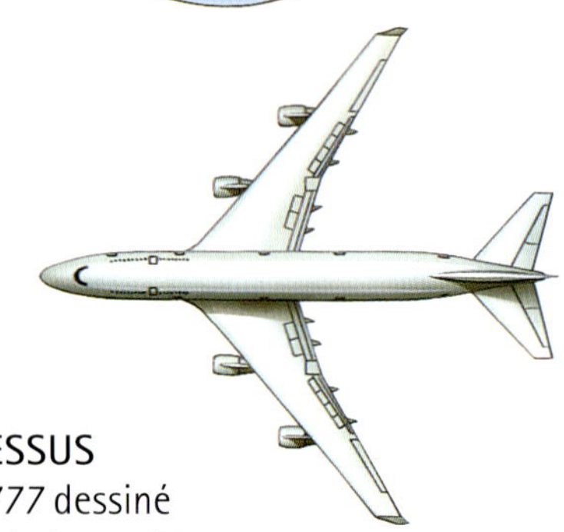

VUE DE DESSUS
Le *Boeing 777* dessiné à gauche est plus petit que le *747* et pourtant il peut emporter plus de passagers.

Couloirs Aériens

Un réseau de couloirs aériens invisibles sillonnent le ciel de la planète. Ces couloirs sont indiqués sur les cartes aériennes et les pilotes doivent les suivre. Ils sont guidés par radio, radar et satellite. Les avions respectent un certain écart entre eux à l'intérieur des couloirs aériens afin de prévenir les collisions. L'écart latéral minimum est de 60 miles nautiques et l'écart entre deux avions volant dans le même sens de 80 miles nautiques. Les écarts à respecter sont donnés ci-dessous en pieds (ft) unité de mesure utilisée en aviations.

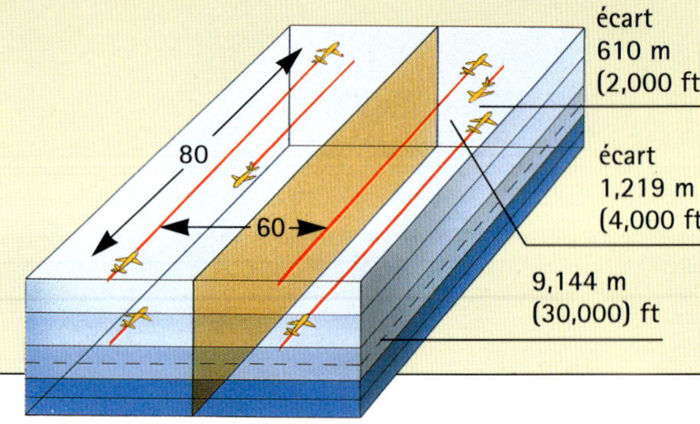

Réservoirs d'essence
Ils ont une contenance de 117 335 litres de kérosène.

Ailes repliables
Afin de faciliter ses manœuvres dans les aéroports, le *777* peut replier l'extrémité de ses ailes sur une longueur de 7 m.

Soute
Pour les vols longue distance, une partie de la soute peut être aménagée en salle de repos pour le personnel navigant.

Classe économique

Première classe

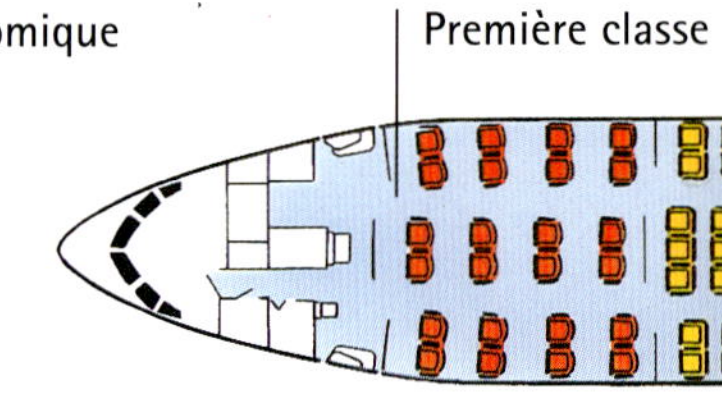

MARQUES D'EMPENNAGE

La dérive des avions de ligne est généralement peinte aux couleurs de la compagnie aérienne.

DANGER TEMPÊTE

Les pilotes peuvent aujourd'hui observer à l'avance les tempêtes et les fortes turbulences sur l'écran du radar météo.

RÉGULATION DU TRAFIC

Cette vue d'un écran de contrôle radar montre la position des avions suivant différents couloirs aériens. Chaque symbole représente un avion.

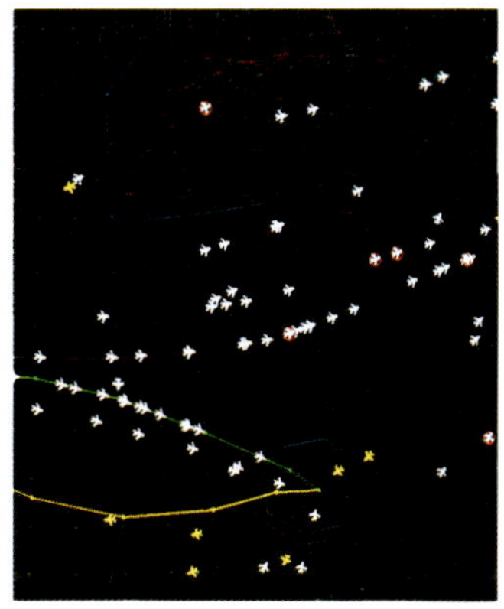

LA CHAÎNE D'ASSEMBLAGE

Les Boeing sont fabriqués dans une gigantesque usine de Seattle au nord-ouest des États-Unis. Les différentes parties de l'avion sont préfabriquées puis assemblées.

PLAN DE CABINE

Divisé en 3 classes, le *Boeing 777* peut emporter 302 passagers. Si toute la cabine est aménagée en classe économique, il est possible d'atteindre 440 passagers.

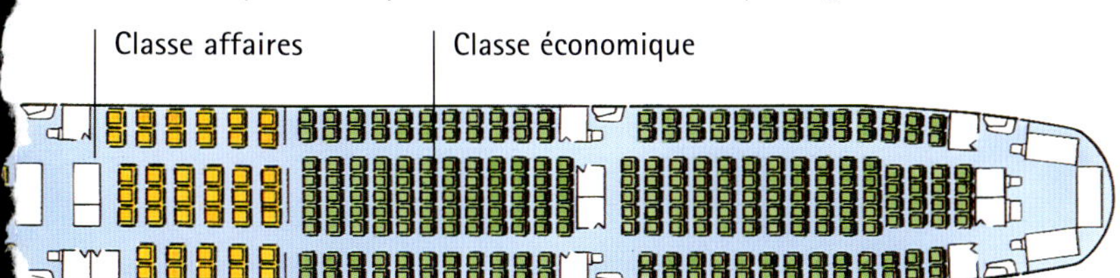

Fonctionnement d'un Hélicoptère

L'hélicoptère est pourvu d'un rotor principal formé de plusieurs pales. En tournant, le rotor génère de la portance et permet de diriger l'hélicoptère. Le rotor de queue stabilise l'appareil.

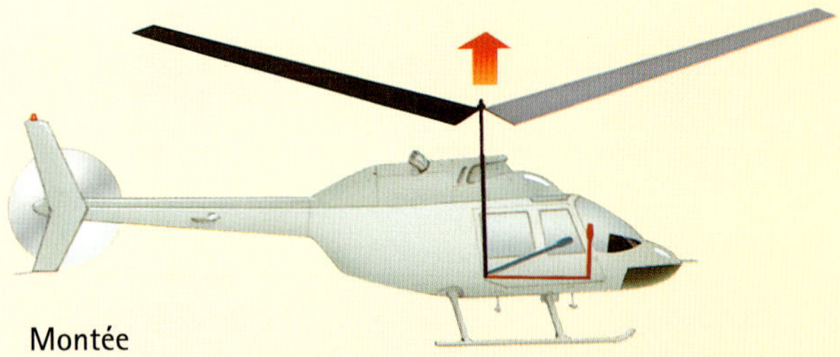

Montée
Le pilote lève le levier de pas collectif, ce qui augmente l'incidence des pales. La portance augmente et soulève l'hélicoptère.

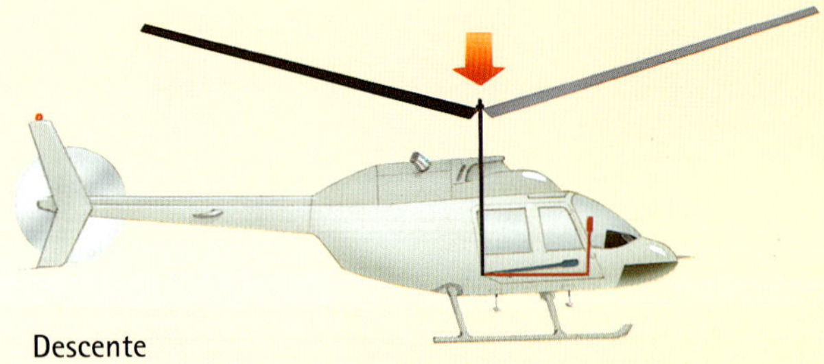

Descente
Le pilote abaisse le levier de pas collectif, ce qui diminue l'incidence des pales. La portance diminuant, l'hélicoptère redescend.

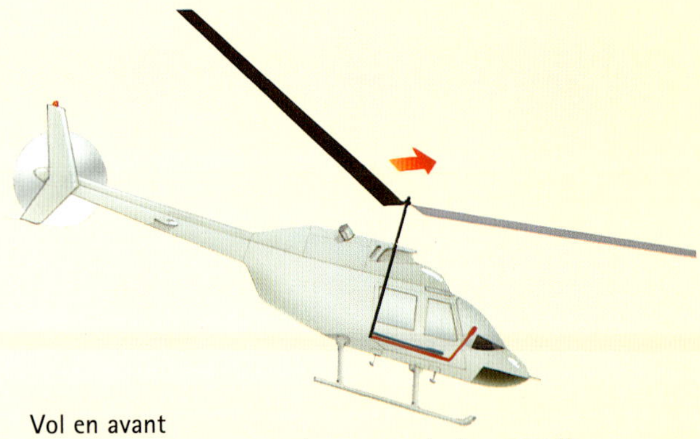

Vol en avant
Le pilote pousse en avant la commande de pas cyclique. Le plateau du rotor bascule vers l'avant et il produit une poussée en même temps que de la portance.

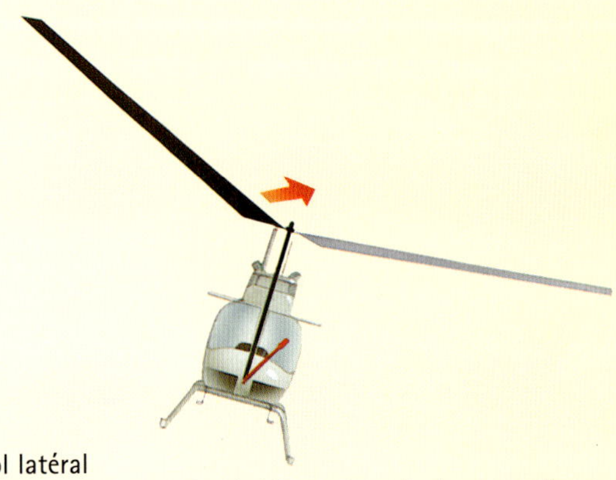

Vol latéral
Le pilote incline sur le côté la commande de pas cyclique. Le plateau du rotor s'incline sur le même côté et le rotor produit une légère poussée latérale.

Médecins du Ciel

En Australie, un service de médecine est assuré sur toute l'immensité du territoire par des avions depuis 1928. Chaque village isolé dispose d'un poste de radio émetteur pour appeler le médecin. En deux heures de vol maximum médecins et infirmières rejoignent le lieu de l'appel à bord de bimoteurs *Beech King Air* rapides. Cette photo ancienne montre un médecin transmettant un message sur un poste autonome.

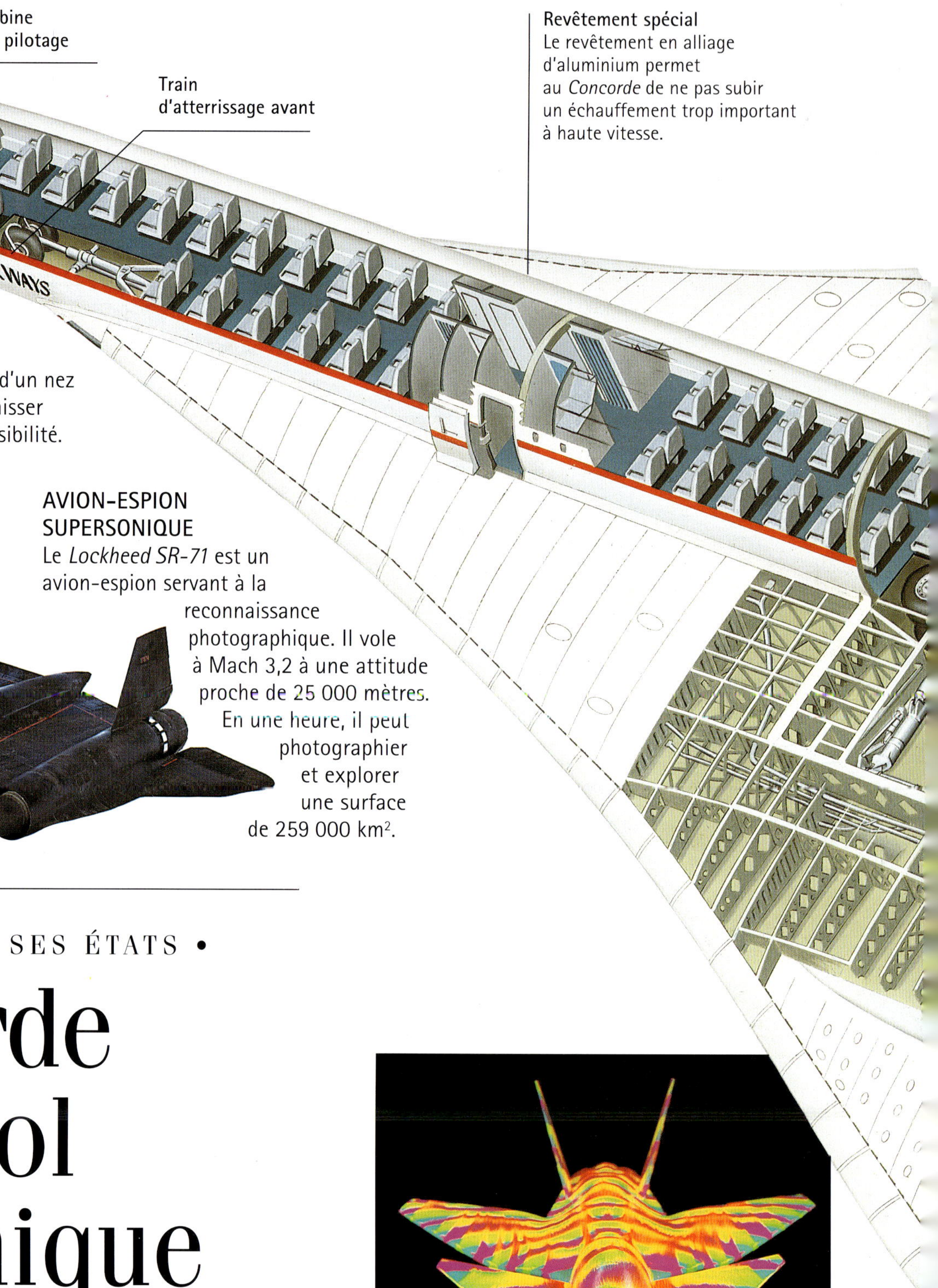

Revêtement spécial
Le revêtement en alliage d'aluminium permet au *Concorde* de ne pas subir un échauffement trop important à haute vitesse.

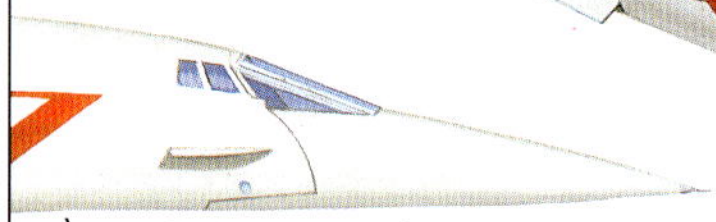

À partir de 481 km/h le nez du *Concorde* est totalement relevé. La pénétration dans l'air est meilleure.

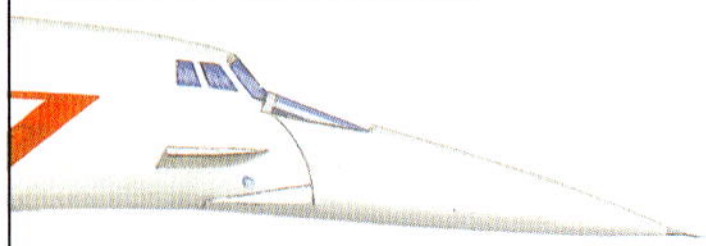

Le nez est abaissé de 5 degrés pour améliorer la visibilité de l'équipage lors du roulage et du décollage.

Le nez est abaissé de 12,5 degrés à l'atterrissage afin de mieux voir la piste.

NEZ BASCULANT
Concorde est équipé d'un nez spécial pouvant s'abaisser pour augmenter la visibilité.

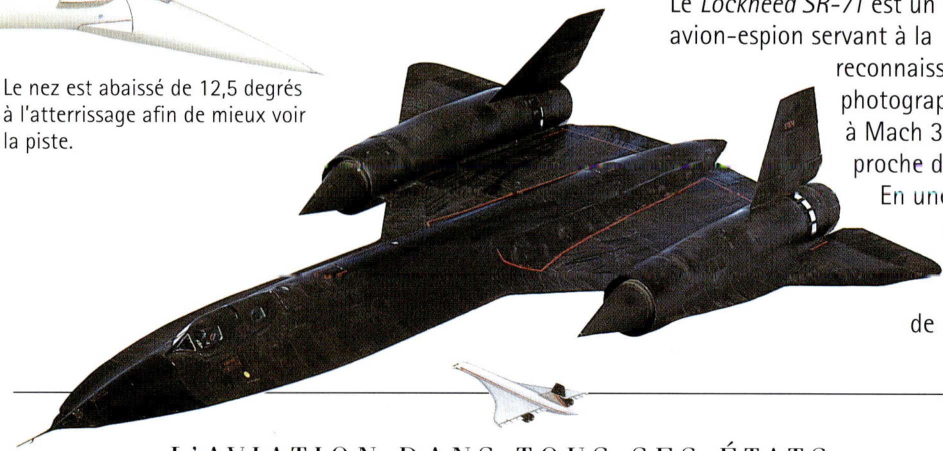

AVION-ESPION SUPERSONIQUE
Le *Lockheed SR-71* est un avion-espion servant à la reconnaissance photographique. Il vole à Mach 3,2 à une attitude proche de 25 000 mètres. En une heure, il peut photographier et explorer une surface de 259 000 km².

Concorde et le vol supersonique

Au cours des années 60, Français et Anglais joignirent leurs efforts dans la construction d'un avion de ligne supersonique, le *Concorde*. *Concorde* effectua son vol inaugural en 1969. Il rassemblait toute la haute technologie de l'époque. Son entrée en service commercial se fit en 1976. Bien qu'étant une réussite technique, l'avion ne fut jamais un succès commercial. Trop gourmand en carburant, trop cher à entretenir, trop bruyant, *Concorde* ne fut construit qu'à 14 exemplaires exploités par British Airways et Air France. Il est toujours en service et relie New York à Paris en un peu plus de 3 heures à Mach 2,1.

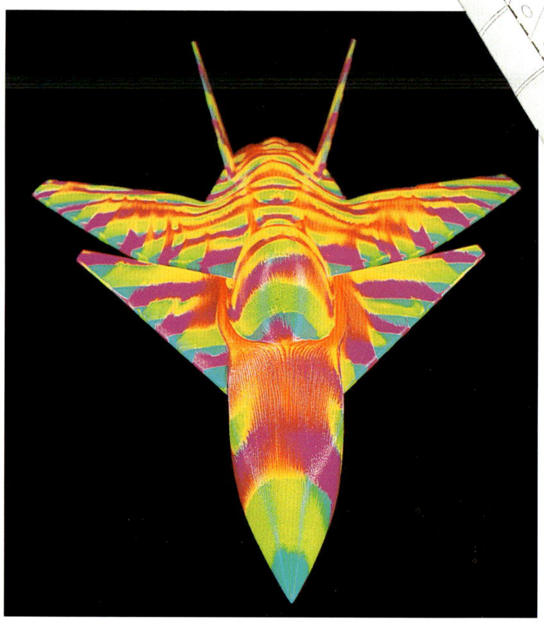

LES SOUFFLERIES
Les avions sont testés dans des souffleries avant leur premier vol. Les souffleries sont d'immenses ventilateurs canalisant l'air dans un tunnel à l'intérieur duquel la vitesse de vol se trouve recréée.

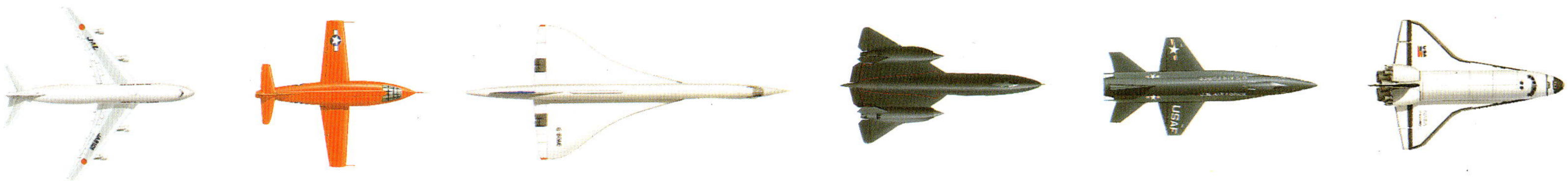

Boeing 747 Mach 0.84 — ***Bell X-1*** Mach 1.45 — ***BAC/Sud Aviation Concorde*** Mach 2.1 — ***Lockheed SR-71*** Mach 3.2 — ***North American X-15*** Mach 6.7 — ***NASA Space Shuttle*** Mach 25.0

LES PLUS RAPIDES
Les avions ci-dessus figurent tous dans ce livre. Ils sont rassemblés ici afin de comparer leurs silhouettes et leurs vitesses.

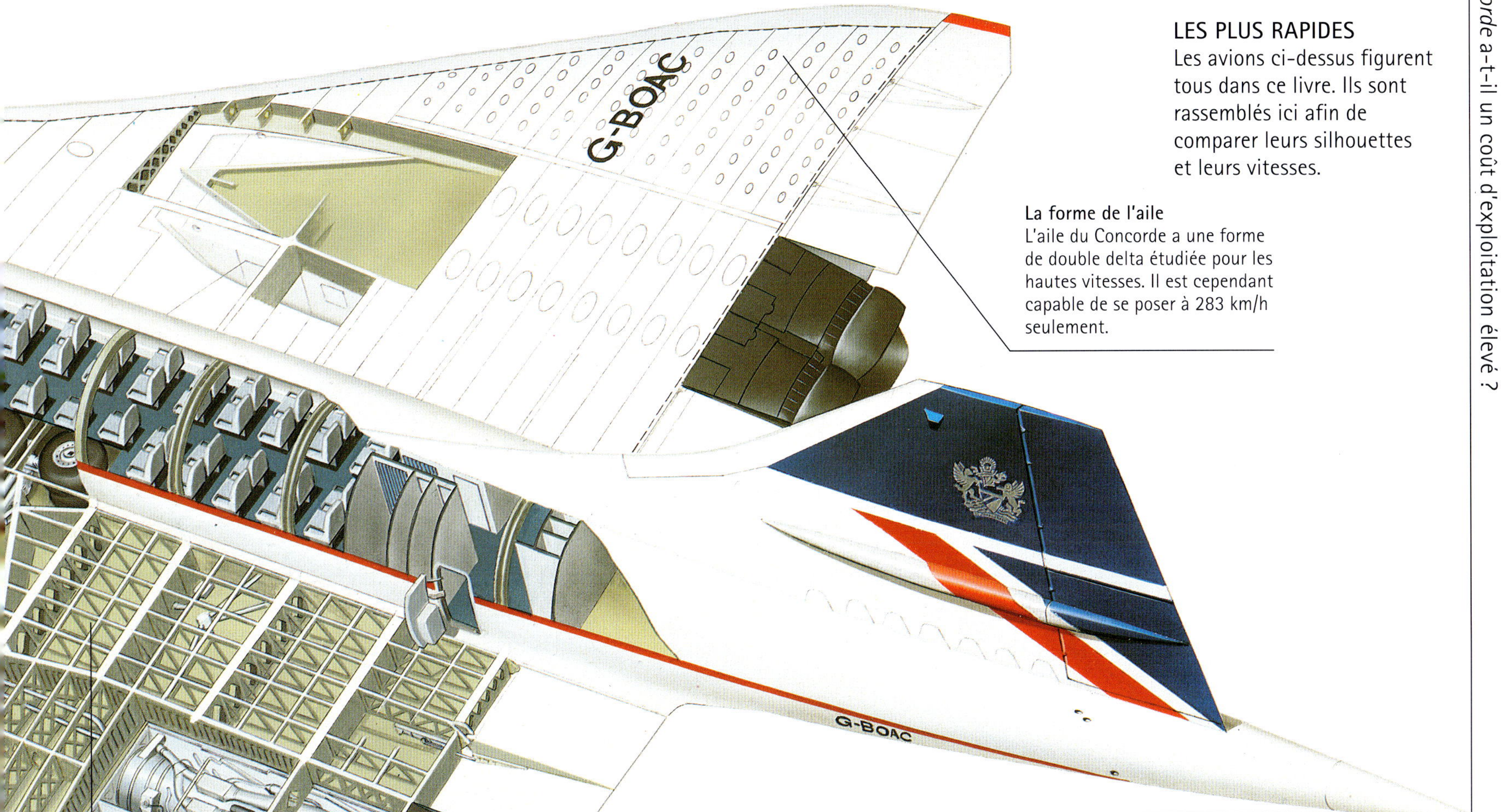

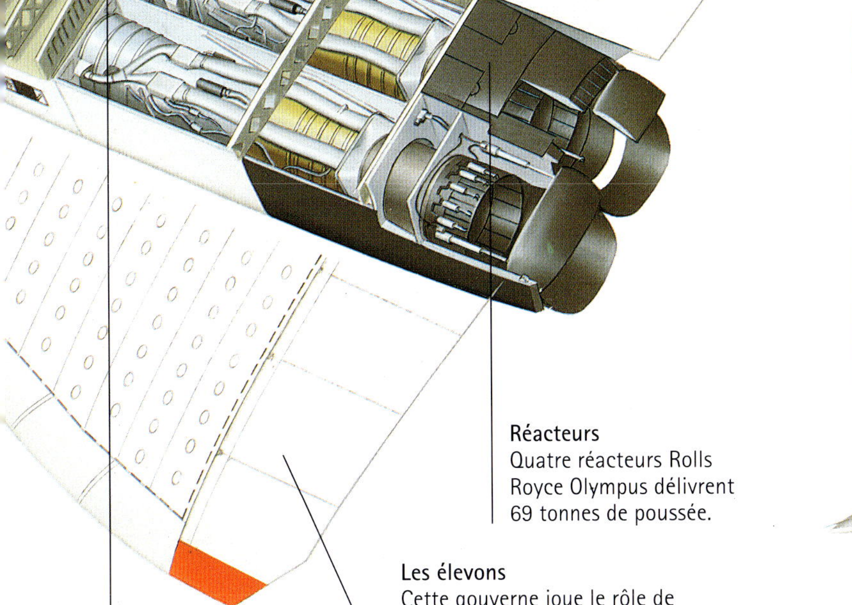

La forme de l'aile
L'aile du Concorde a une forme de double delta étudiée pour les hautes vitesses. Il est cependant capable de se poser à 283 km/h seulement.

Réacteurs
Quatre réacteurs Rolls Royce Olympus délivrent 69 tonnes de poussée.

Les élevons
Cette gouverne joue le rôle de l'aileron et de la profondeur sur une aile delta.

Les réservoirs
Le rayon d'action de *Concorde* est de 5 000 km. Les 12 000 litres de carburant sont sans arrêt pompés en vol d'un réservoir à l'autre pour maintenir la stabilité.

GÉOMÉTRIE DES AILES SUPERSONIQUES

On a toujours cherché de nouvelles formes d'ailes pour augmenter la vitesse des avions.

Aile delta
Mirage III, 1956

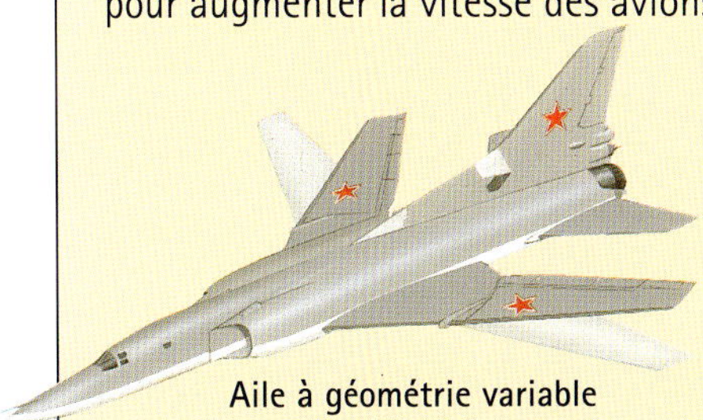

Aile à géométrie variable
Tupolev Tu-26, 1969

Ailes courtes ***F104 Startfighter***, 1954

Ailes en flèche
Super-Étendard, 1974

Ailes en flèche inverse
G***rumman X29A,*** 1984

Avions militaires

Les guerres ont largement contribué au développement de l'aviation. Au début de la Première Guerre mondiale, la plupart des avions avaient un rayon d'action ne dépassant pas 200 km et une vitesse d'environ 100 km/h. Les progrès au cours du conflit ont été considérables lorsque les militaires se sont rendu compte du potentiel des avions. D'avions d'observation, ils devinrent bombardiers et avions de chasse. Lors de la Seconde Guerre mondiale, l'aviation à hélice atteignit son apogée et les premiers avions à réaction apparurent en 1943. L'après-guerre fut marqué par l'essor très rapide des Jets. Aujourd'hui, la plupart des avions militaires, en dehors des avions de transport, sont des Jets supersoniques.

Tuyère
La tuyère d'éjection très large et de grande ouverture contribue à disperser la chaleur des gaz d'échappement de manière à ce que l'avion ait une signature infrarouge minimum.

FURTIF
Le *Lockheed F117* est un avion dit « furtif », ce qui signifie qu'il est difficilement repérable par l'ennemi. Il est dessiné de manière à ce que son écho radar soit très faible, tout comme son signal infrarouge.

LES MISSILES AIR-AIR
Les pilotes d'aujourd'hui n'ont pas besoin d'avoir leur adversaire en vue. Ils peuvent détruire un avion en tirant un missile guidé par laser ou infrarouge. Le missile atteint directement sa cible.

ÉJECTÉ DE JUSTESSE
Ce pilote s'éjecte sur son siège alors que son avion vient d'être touché. Le siège est muni d'une fusée à poudre qui assure l'éjection puis un parachute s'ouvre pour assurer un retour au sol en douceur.

1915 ***Fokker E I*** (Allemagne)
Vitesse 128 km/h. Il est l'un des premiers chasseurs à être équipé d'une mitrailleuse synchronisée tirant à travers l'hélice.

1917 ***Spad XI*** (France)
Ce biplan a servi dans les armées françaises, anglaises, américaines où il s'est avéré très efficace et rapide. Vitesse 208 km/h.

1917 ***Handley Page 0/400*** (Grande-Bretagne)
Bombardier géant de l'époque, il emportait une tonne de bombes. Vitesse 128 km/h.

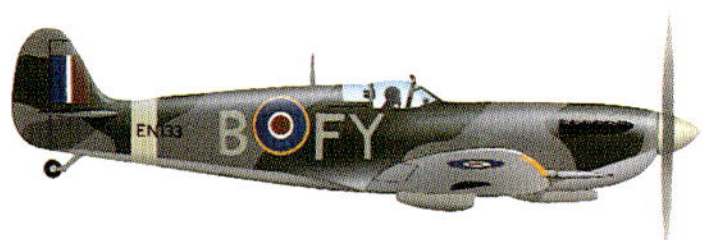

1938 ***Supermarine Spitfire*** (Grande-Bretagne)
C'est le chasseur le plus célèbre de la Seconde Guerre mondiale. Il fut construit à plus de 20 000 exemplaires. Vitesse 576 km/h.

Décollage Vertical

Ce *McDonnell Douglas* est la version américaine du *Harrier* anglais. C'est un avion à décollage vertical (VTOL). Il décolle en se soulevant du sol comme un hélicoptère grâce à ses tuyères orientables qui repoussent les gaz vers le sol puis pivotent vers l'arrière. L'avion vole ensuite comme les autres avions. Ce système lui permet de se poser n'importe où ainsi que sur les porte-avions.

VISEUR TÊTE HAUTE

Durant les phases de combat, les pilotes de Jet doivent réagir très vite. Ce casque projette sur la visière les informations essentielles et le viseur de tir. Le pilote n'a plus besoin de baisser les yeux sur sa planche de bord.

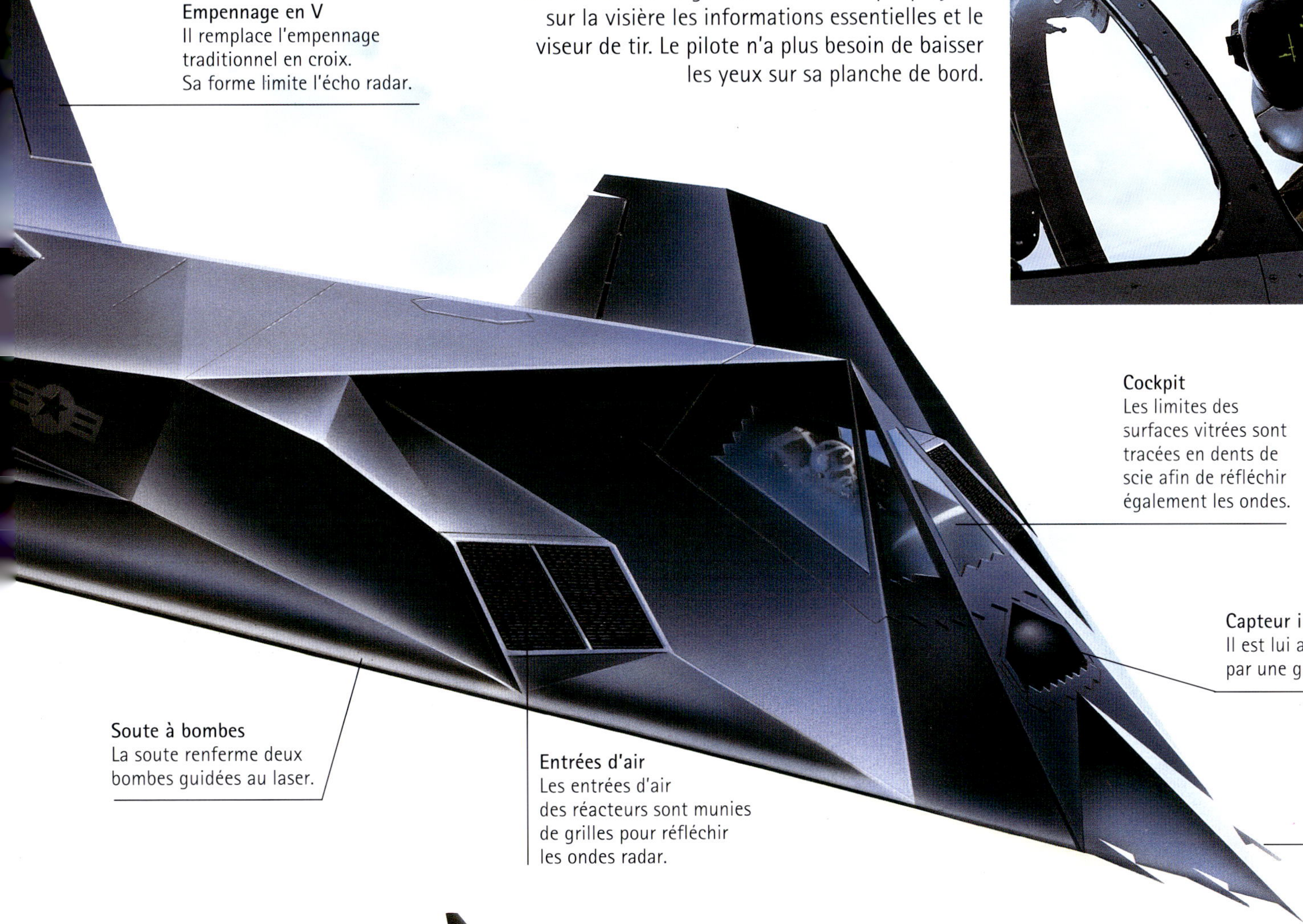

Empennage en V
Il remplace l'empennage traditionnel en croix. Sa forme limite l'écho radar.

Cockpit
Les limites des surfaces vitrées sont tracées en dents de scie afin de réfléchir également les ondes.

Capteur infrarouge
Il est lui aussi protégé par une grille.

Sondes
Cet ensemble de sondes permet de calculer vitesse et altitude.

Soute à bombes
La soute renferme deux bombes guidées au laser.

Entrées d'air
Les entrées d'air des réacteurs sont munies de grilles pour réfléchir les ondes radar.

1943 ***Glosher Meteor*** (Grande-Bretagne)
Propulsé par deux réacteurs, il fut le premier chasseur à réaction britannique à entrer en service. Vitesse 959 km/h.

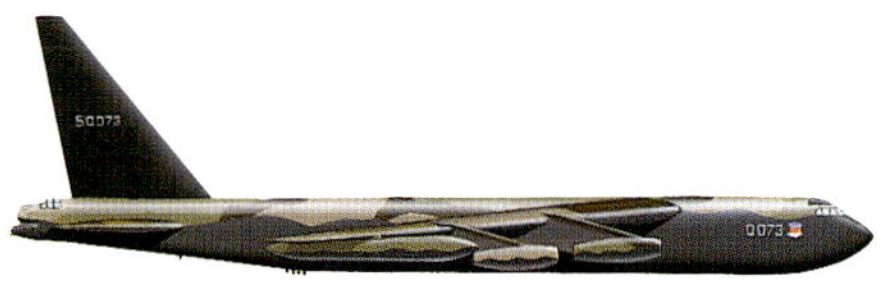

1952 ***Boeing B-52 Stratoforteresse***
Cet immense bombardier stratégique était animé par huit réacteurs et avait un très grand rayon d'action. Vitesse 960 km/h.

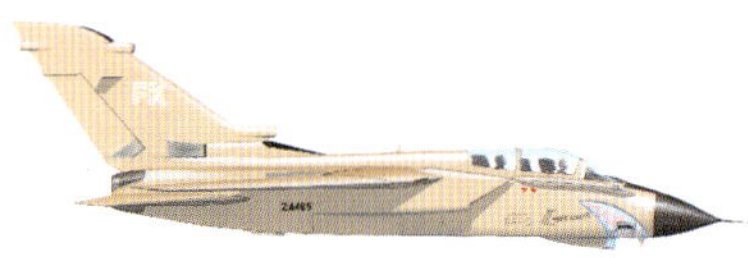

1974 ***Panavia Tornado*** (Grande-Bretagne, Italie, Allemagne)
Cet avion construit en coopération entre trois pays est un chasseur à géométrie variable. Vitesse Mach 2.

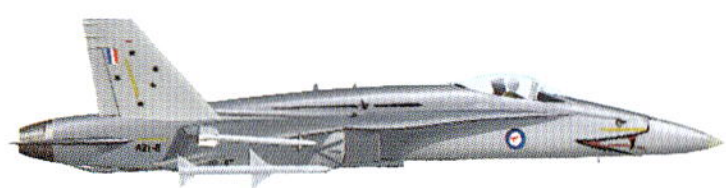

1978 ***McDonnell Douglas F18 Hornet*** (États-Unis)
Cet avion américain est également utilisé par l'Australie, le Canada, l'Espagne et le Koweït. Vitesse Mach 2.

L'aviation embarquée

Les premiers avions embarqués sur des navires ont été de petits hydravions. Ils étaient catapultés depuis le bateau puis se posaient en mer à proximité avant d'être hissés à bord. Dans l'entre-deux guerres, Anglais et Américains ont expérimenté plusieurs formules de porte-avions avant d'aboutir au navire qui fit la preuve de son efficacité durant la Seconde Guerre mondiale. C'est d'ailleurs à partir de porte-avions que les Japonais firent décoller les avions qui bombardèrent Pearl Habour, entraînant les États-Unis dans la guerre en 1941. Aujourd'hui les porte-avions à propulsion nucléaire sont des éléments essentiels de défense.

LE CATAPULTAGE
L'avion est prêt au décollage, la catapulte est reliée au train avant. L'officier de catapultage fait signe au pilote pour un décollage immédiat.

LE CIRCUIT D'APPROCHE
Les avions décrivent des cercles d'environ 8 km de diamètre dans l'attente de l'autorisation de se poser. Dès qu'une distance de sécurité est atteinte entre deux avions et que le pont est dégagé, l'avion suivant se présente dans l'axe du porte-avion.

La catapulte
La catapulte fonctionne à la vapeur. Un crochet de catapulte est fixé au train avant et relié au dispositif à vapeur situé sous le pont. La vapeur est soudain libérée, tirant brusquement l'avion le long du rail.

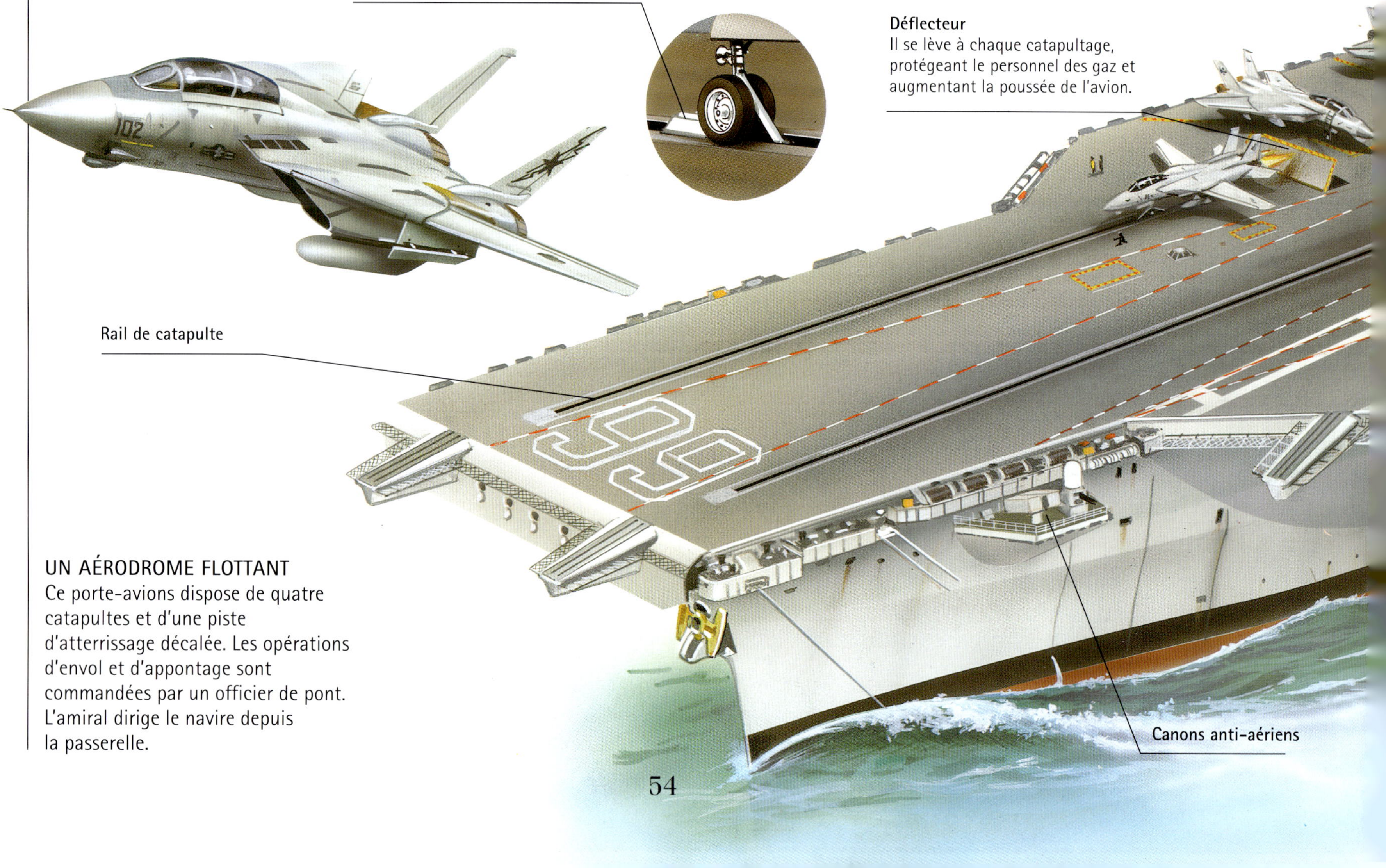

UN AÉRODROME FLOTTANT
Ce porte-avions dispose de quatre catapultes et d'une piste d'atterrissage décalée. Les opérations d'envol et d'appontage sont commandées par un officier de pont. L'amiral dirige le navire depuis la passerelle.

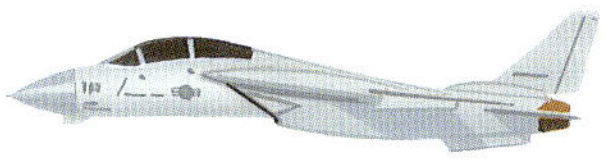
14 Tomcat

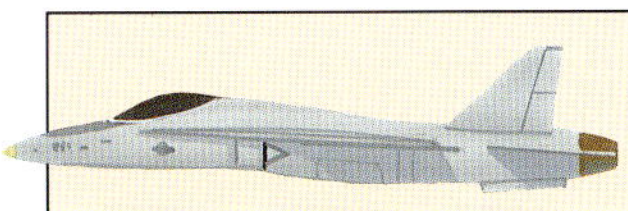
22 Hornet

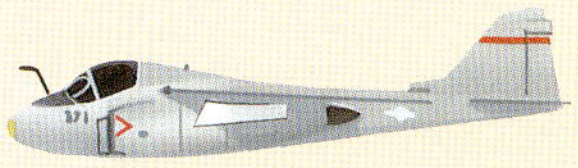
14 Intruders

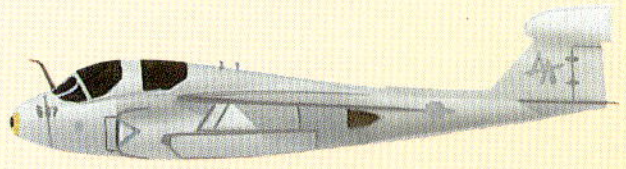
4 Prowlers

Embarqués sur le *Uss America*

Le *USS America* est un porte-avion à propulsion classique (non nucléaire). Il embarque une flottille de 70 avions selon la répartition ci-contre. Deux avions peuvent être catapultés en même temps et un avion peut se poser toutes les 37 secondes. Sur le pont, le bruit est infernal et tout l'équipage doit porter un casque de protection sur les oreilles. Le catapultage est très violent pour le pilote qui a l'impression d'être projeté par un canon. Il passe de 0 à plus de 300 km/h en quelques secondes. À l'atterrissage, il s'agit de ne pas manquer la piste qui ne mesure que 227 m de long !

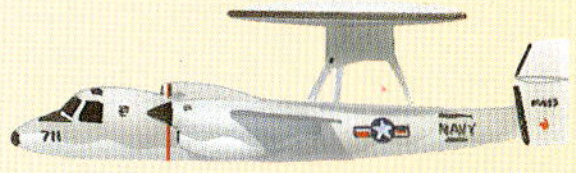
4 Hawkeyes

6 Vikings

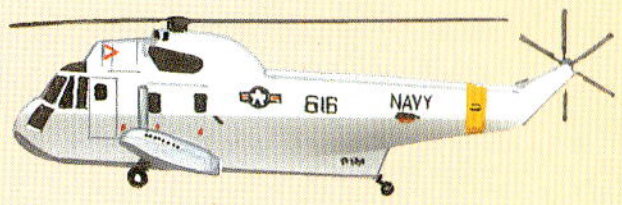
6 Sea King

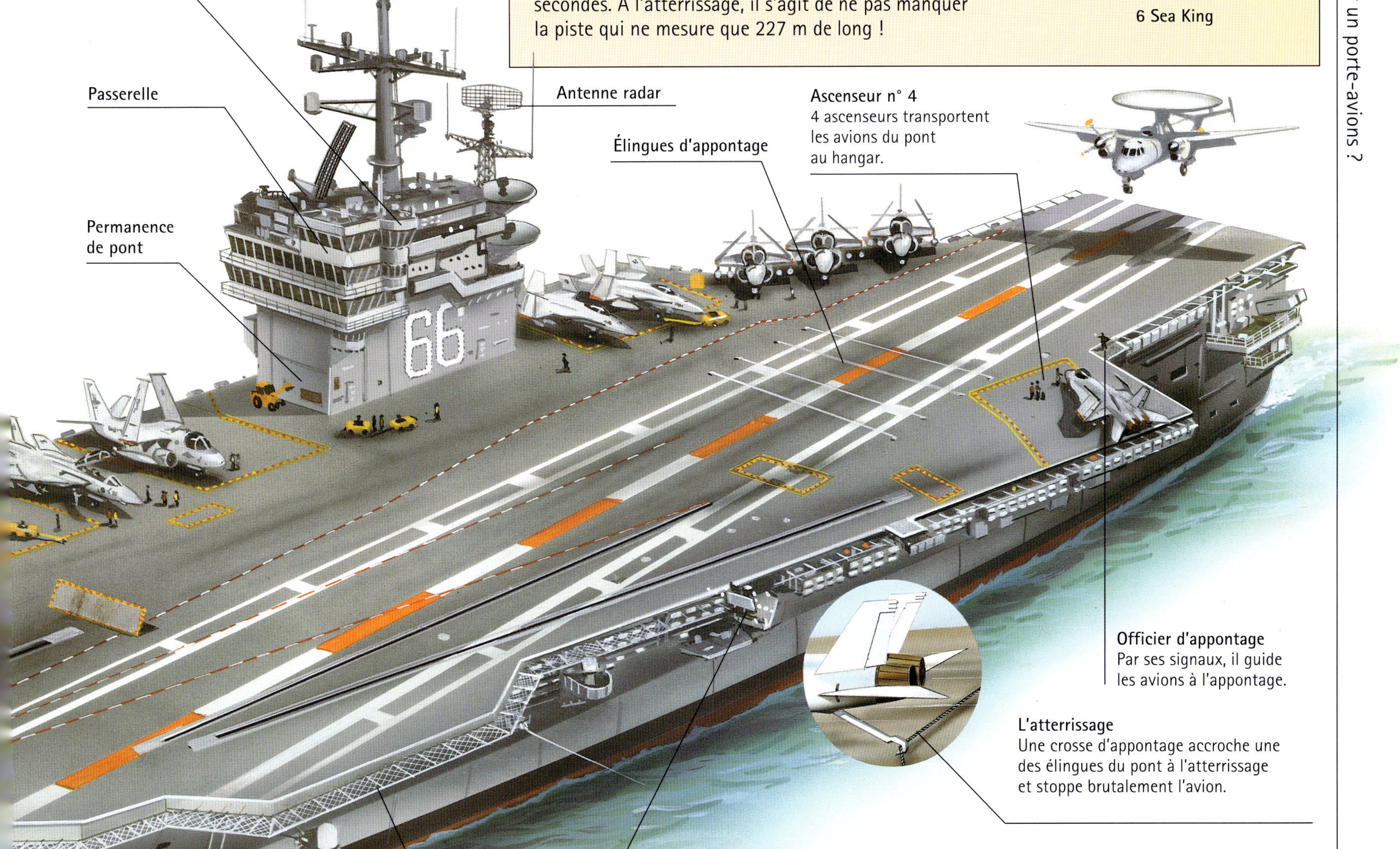

Tour de contrôle
Les contrôleurs aériens et l'officier responsable des avions surveillent les opérations depuis cette tour.

Passerelle

Permanence de pont

Antenne radar

Élingues d'appontage

Ascenseur n° 4
4 ascenseurs transportent les avions du pont au hangar.

Officier d'appontage
Par ses signaux, il guide les avions à l'appontage.

L'atterrissage
Une crosse d'appontage accroche une des élingues du pont à l'atterrissage et stoppe brutalement l'avion.

Système optique de guidage
Un ensemble de feux verts, rouges ou jaunes indique au pilote s'il se trouve trop haut ou trop bas à l'atterrissage.

Filets de sécurité

Le porte-avions léger HMS *Invincible*

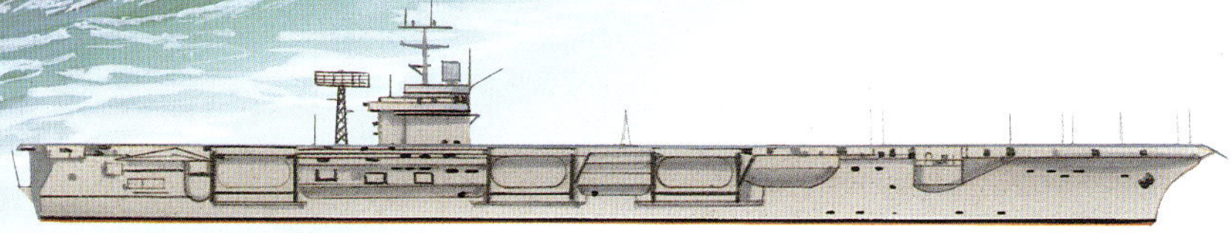
Le porte-avions USS *Nimitz* embarque 85 avions.

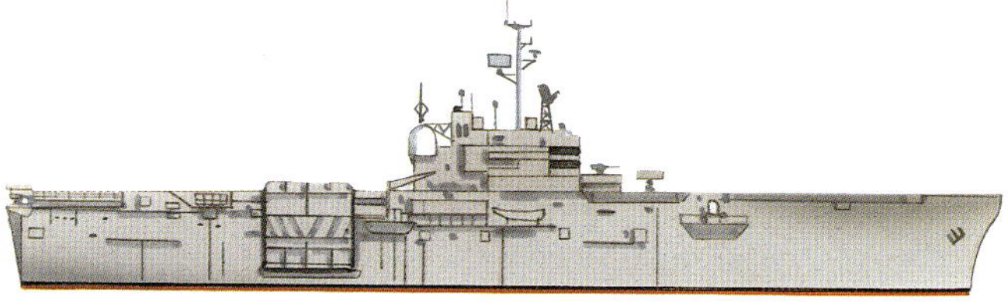
Le porte-avions d'assaut USS *Iwo Jima*

Goddard 1926 (USA)
Première fusée à carburant liquide. 56 m parcourus.

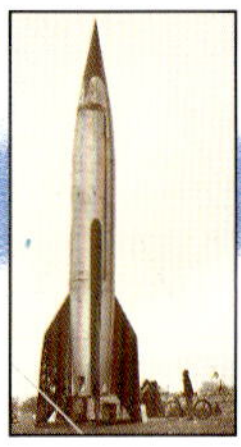

V-2 1942 (Allemagne)
Première fusée militaire, atteint 85 km d'altitude.

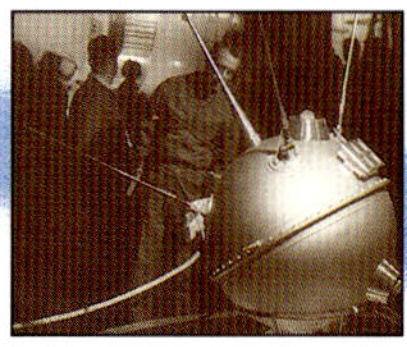

Spoutnik I, 1957 (URSS)
Premier satellite en orbite. Il transportait un émetteur de signal radio.

Gagarine 1961 (URSS)
Premier homme dans l'espace, à bord du satellite artificiel *Vostok 1*.

Telescope Hubble 1990 **(USA)**
Le télescope a été placé sur orbite.

Columbia 1981 (USA)
La première navette spatiale lancée dans l'espace.

Viking 1976 (USA)
Les sondes *Viking 1* et *2* se sont posées sur Mars et n'y ont découvert aucun signe de vie.

Skylab 1973 (USA)
Permettait la vie dans l'espace pendant plusieurs semaines.

Armstrong 1969 (USA)
Neil Armstrong est le premier homme à avoir posé le pied sur la Lune.

L'espace

L'espace est un univers mal connu mais convoité. Depuis le XIIIe siècle, époque à laquelle les Chinois découvraient les premières fusées, les hommes ont peu à peu acquis des connaissances technologiques qui leur permettent de voyager dans l'espace. En 1903, un russe proposait d'utiliser des fusées à carburant liquide pour voyager dans l'espace. L'Américain R. Goddard réussit en 1926 à lancer la première fusée du même type. 43 ans plus tard, *Apollo 11* était lancé, équipé de la plus grosse fusée jamais construite. Il transportait vers la Lune Armstrong, Aldrin et Collins. Des millions de personnes écoutaient Armstrong annoncer « C'est un petit pas pour moi mais un grand pas pour l'humanité ! » En 1981, la première navette réutilisable *Columbia* effectuait 37 orbites autour du globe.

TRAVAILLER DANS L'ESPACE
En 1994, Kathryn Thornton, partie en mission à bord de la navette, effectue une réparation sur le télescope spatial *Hubble*.

PRÉVISIONS MÉTÉOROLOGIQUES
Les animations météorologiques que l'on voit à la télévision sont des successions de prises de vues. Elles proviennent de caméras installées sur des satellites placés en orbite autour de la Terre.

Le Vol de la Navette

Trois fusées et deux moteurs (ou boosters), d'une puissance équivalente à 140 *Boeing 747*, arrachent la navette à son pas de tir et la place sur orbite à 28 175 km/h.

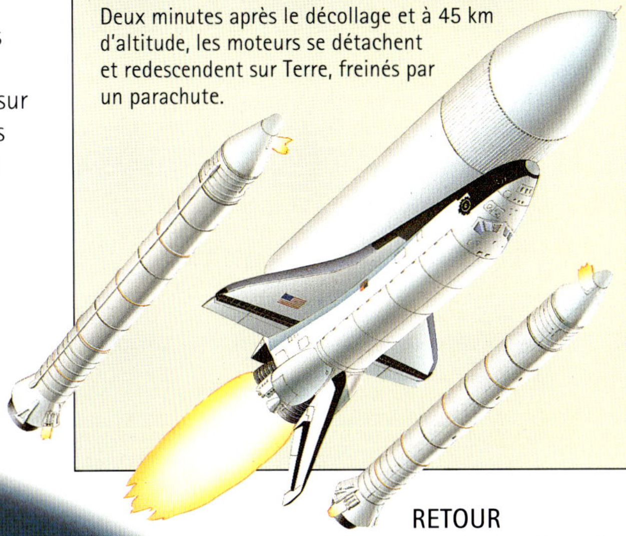

Deux minutes après le décollage et à 45 km d'altitude, les moteurs se détachent et redescendent sur Terre, freinés par un parachute.

À 112 km d'altitude, le réservoir principal de carburant vide se détache et se désintègre, tandis que la navette va se placer en orbite.

RETOUR
Des fusées d'appoint sont rallumées pour ralentir la navette. Elle va quitter son orbite et regagner l'atmosphère. La navette se pose sur la piste en planant à 346 km/h.

Le Savais-Tu ?

Chaque booster contient 907 184 kg de poudre qui brûlent en deux minutes. L'énorme pression dégagée par les tuyères permet à la navette de s'élever.

Les vols de demain

Peut-on imaginer les avions de demain ? Seront-ils équipés de magasins, de restaurants, de cabines et auront-ils assez d'espace pour transporter plus de 1 000 passagers ? À quelles vitesses pourront-ils voler ? L'avion supersonique *Concorde* est aujourd'hui le plus rapide des avions de ligne. Il peut atteindre Mach 2.1, et pour cela doit monter à plus de 18 288 m d'altitude, risquant endommager la couche d'ozone. Les avions supersoniques sont extrêmement chers à fabriquer et c'est ce qui explique le prix du voyage.

Certains prototypes, comme les *Bell/Boeing Tiltrotor*, qui sont mi-avions mi-hélicoptères, feront partie de l'aviation de demain. Ce type d'avion peut voler partout et atterrir facilement sur un toit d'immeuble. Mais que sera le summum du vol ? Peut-être partir dans l'espace à bord d'une navette spatiale long-courrier ?

UN AVION DE DEMAIN
Boeing a imaginé l'avion de ligne du XXIe siècle. Il pourrait transporter jusqu'à 300 passagers sur une distance de 9 600 km sans escale, à la vitesse de *Concorde*...

L'AVION DU FUTUR
Le *Tiltrotor* est sans doute une solution d'avenir. Il peut décoller d'un toit comme un hélicoptère puis voler comme un avion. Il est prévu pour 200 passagers.

EN HAUT OU EN BAS
Ce *Jumbo* du futur à deux niveaux volera à peu près à la vitesse du *747* mais pourra transporter plus de 500 passagers.

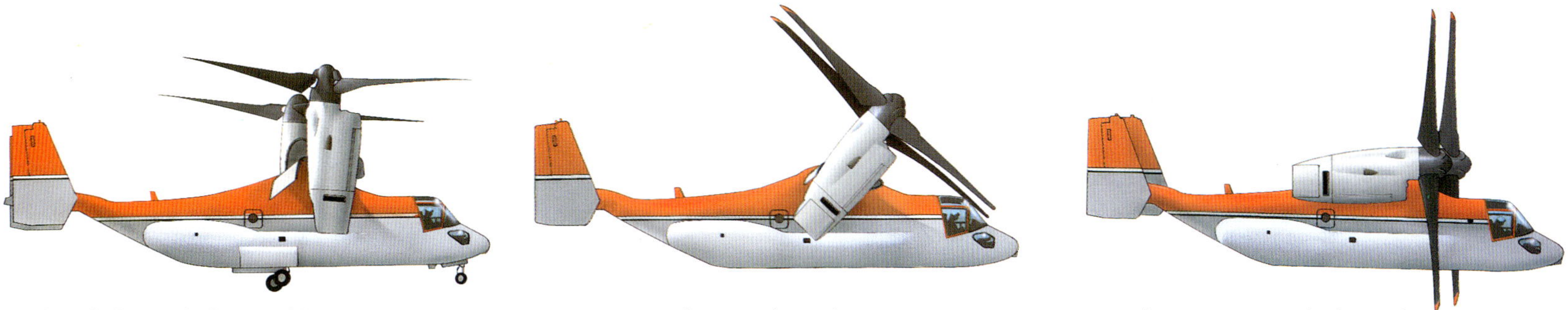

LES TROIS PHASES DE VOL
Le rotor est horizontal pour atterrir ou décoller.

Le rotor bascule.

Le rotor est vertical et agit comme une hélice normale.

Programme Commun

Les États-Unis et la Russie travaillent sur un projet ambitieux appelé « Mars ensemble ». À la veille du XXIe siècle, les fusées russes et américaines lanceront une série d'engins spatiaux qui se mettront en orbite, se poseront et exploreront la planète rouge. Dans un autre programme, appelé « Feu et Glace », les deux nations exploreront le Soleil et la planète Pluton.

Plans « trois vues »

Il n'est pas toujours facile de bien identifier un avion en vol. On a pris l'habitude d'apprendre à reconnaître les silhouettes d'avions à l'aide de plans « trois vues ». Ci-dessous sont représentés 12 plans « trois vues » d'avions cités dans ce livre, accompagnés des caractéristiques principales.

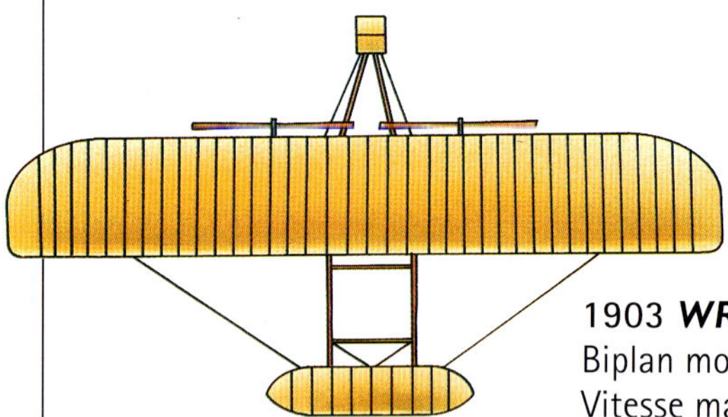

1903 ***WRIGHT FLYER***
Biplan monomoteur
Vitesse max : 48 km/h
Envergure : 12,3 m.

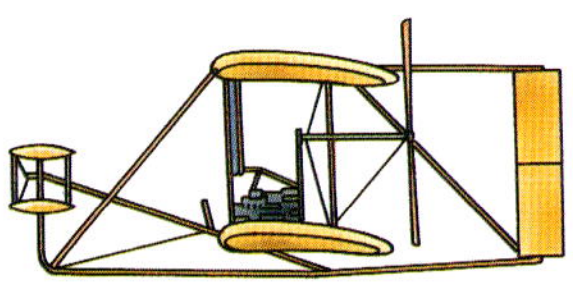

GRAF ZEPPELIN
Dirigeable, cinq moteurs
Vitesse max : 128 km/h
Longueur : 236 m.

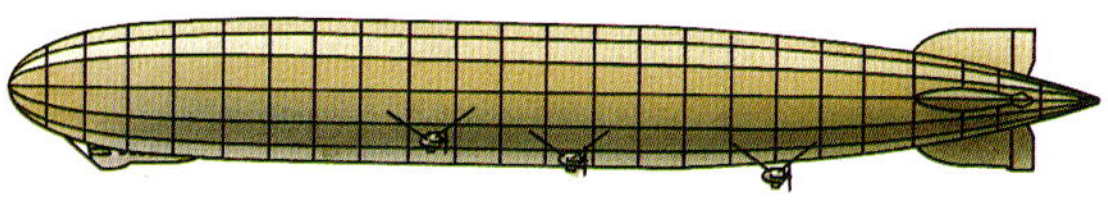

SUPERMARINE S5
Hydravion sur flotteurs monoplan, monomoteur, moteur en V. Vitesse max : 451 km/h
Envergure : 8,5 m.

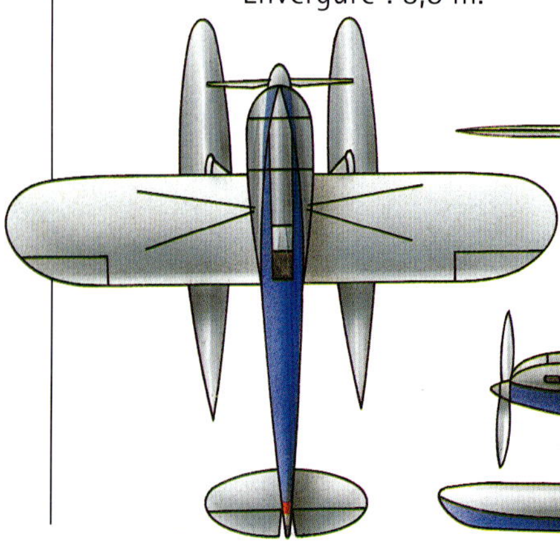

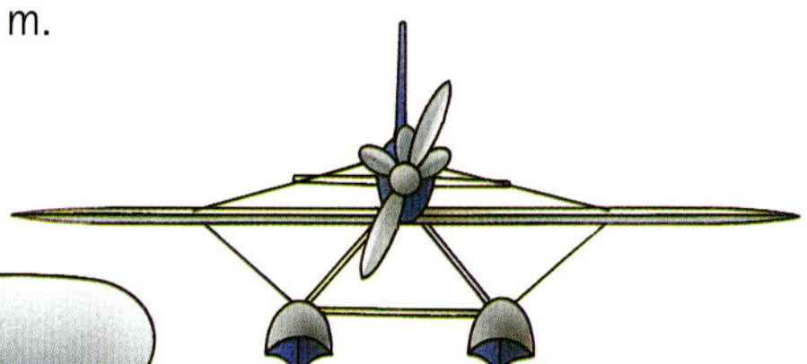

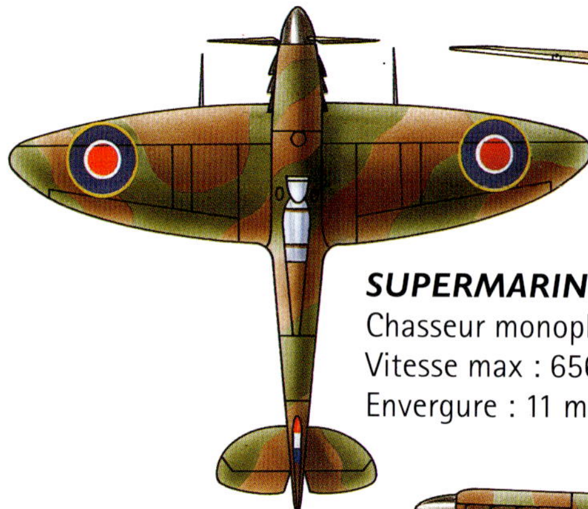

SUPERMARINE SPITFIRE
Chasseur monoplan, moteur V12
Vitesse max : 656 km/h
Envergure : 11 m.

BOEING 314 CUPPEZ
Hydravion monoplan, quadrimoteur, moteurs en étoile.
Vitesse max : 309 km/h
Envergure : 43 m.

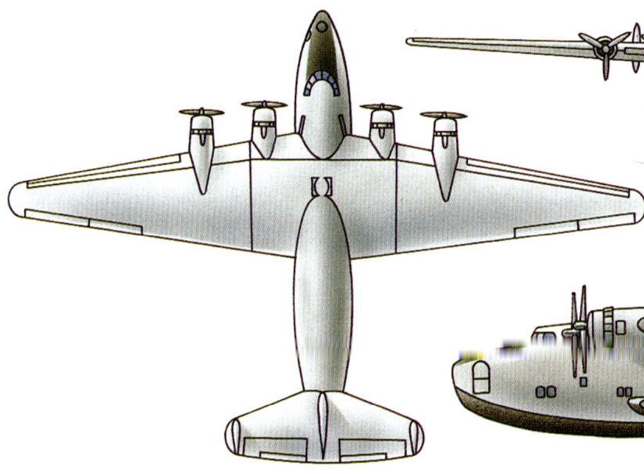

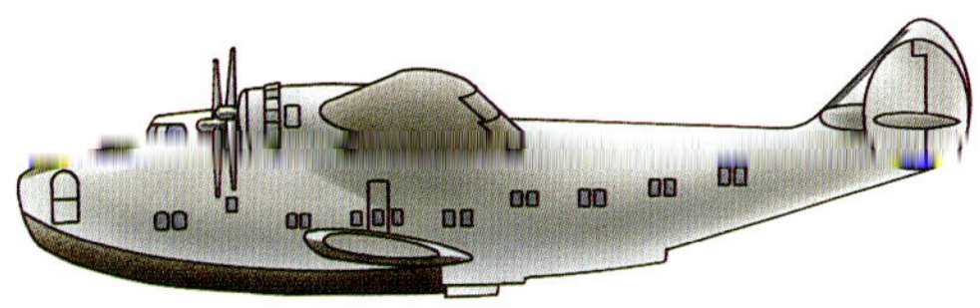

BELL X1
Monoplan expérimental, moteur fusée.
Vitesse max : Mach 1.45
Envergure : 8,5 m.

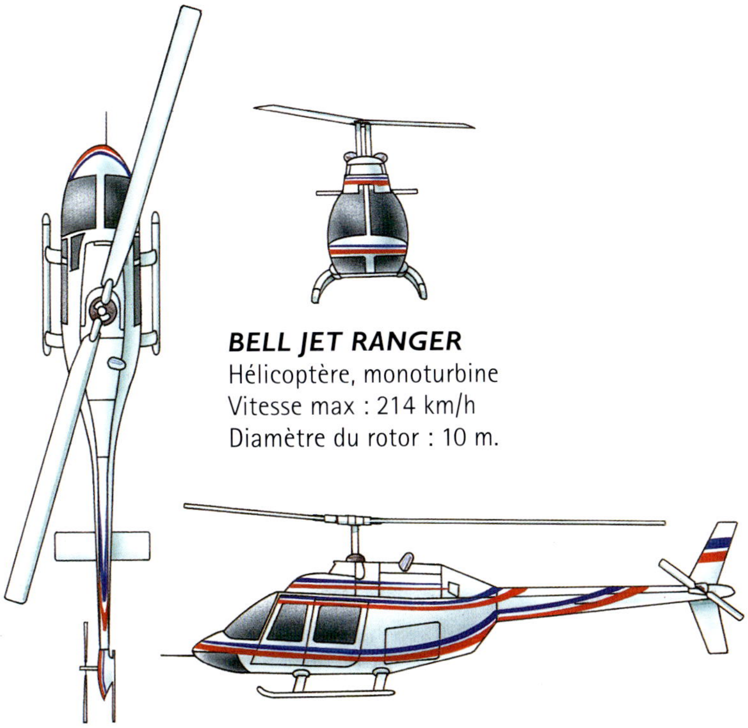

BELL JET RANGER
Hélicoptère, monoturbine
Vitesse max : 214 km/h
Diamètre du rotor : 10 m.

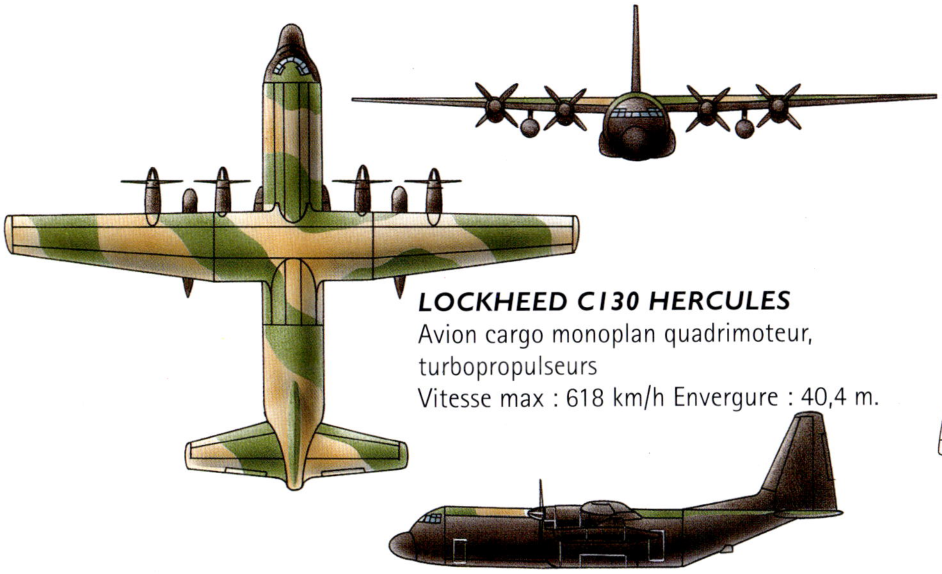

LOCKHEED C130 HERCULES
Avion cargo monoplan quadrimoteur, turbopropulseurs
Vitesse max : 618 km/h Envergure : 40,4 m.

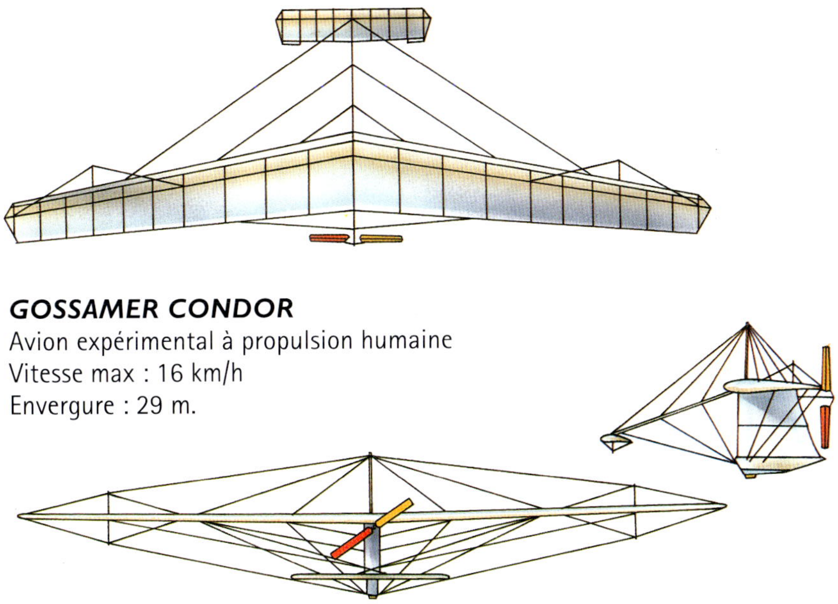

GOSSAMER CONDOR
Avion expérimental à propulsion humaine
Vitesse max : 16 km/h
Envergure : 29 m.

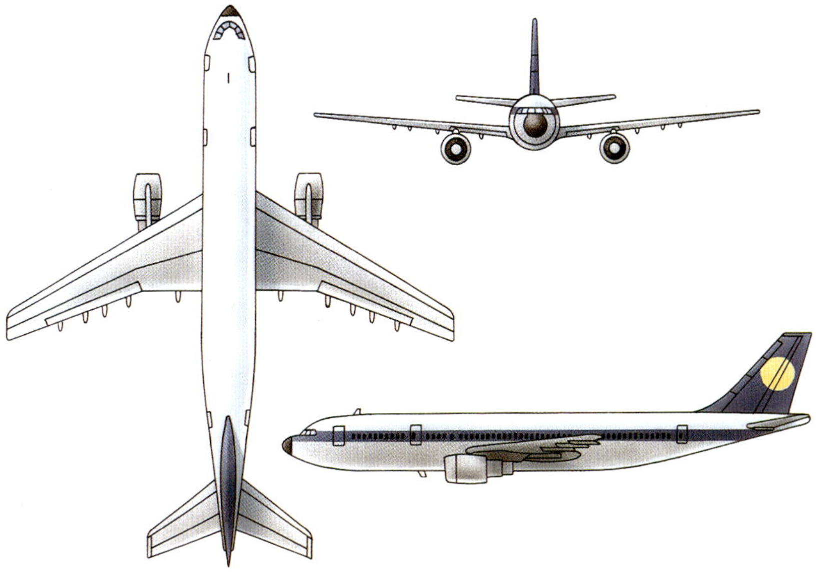

AIRBUS A320
Avion de ligne biréacteur court/moyen-courrier
Vitesse max : 896 km/h
Envergure : 34 m.

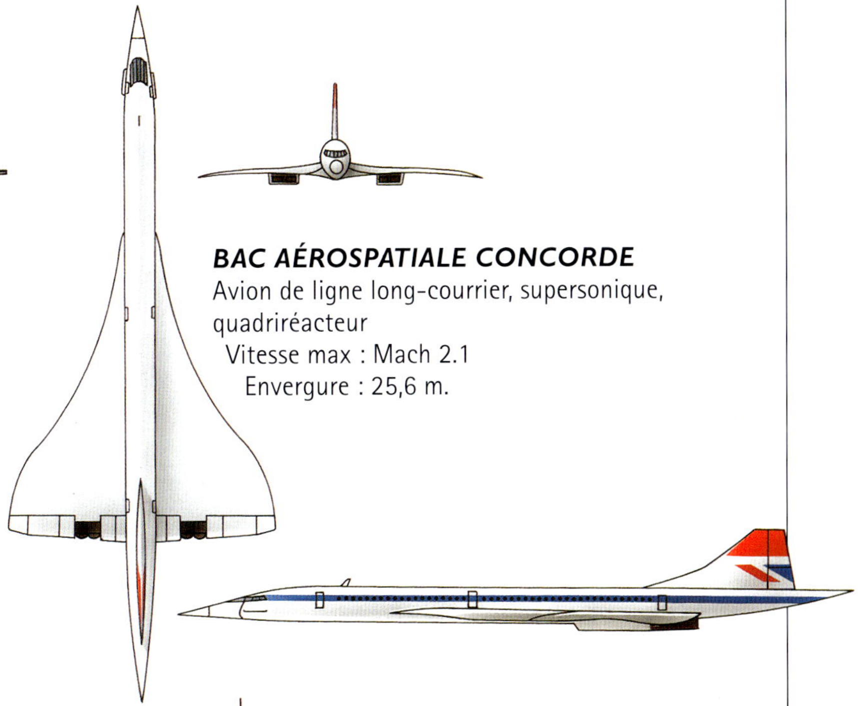

BAC AÉROSPATIALE CONCORDE
Avion de ligne long-courrier, supersonique, quadriréacteur
Vitesse max : Mach 2.1
Envergure : 25,6 m.

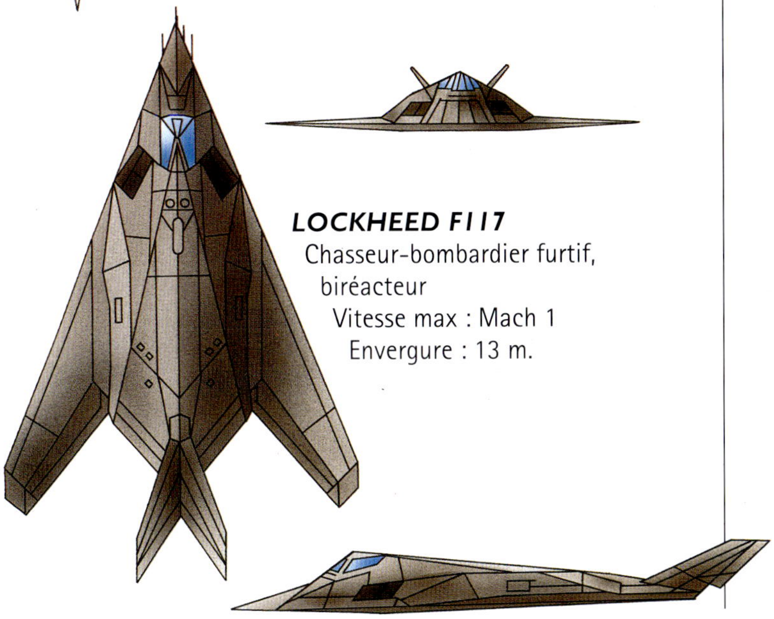

LOCKHEED F117
Chasseur-bombardier furtif, biréacteur
Vitesse max : Mach 1
Envergure : 13 m.

Glossaire

Garuda

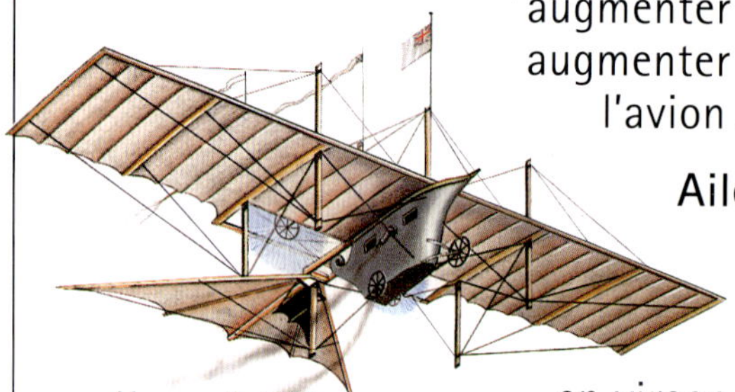

L'appareil de Henson

Papillon

Les frères Wright

Navette spatiale

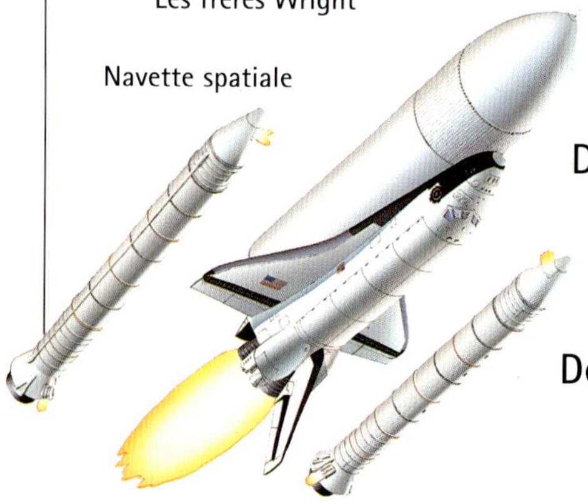

Aérodynamique Discipline scientifique se consacrant à l'étude de l'écoulement de l'air autour d'un solide.

Aérofreins Surfaces sortant de l'aile pour en augmenter la traînée. Ils sont utilisés pour augmenter le taux de chute et ralentir l'avion à l'atterrissage.

Ailerons Surfaces mobiles placées sur les ailes contrôlant l'inclinaison de l'avion et lui permettant de se mettre en virage.

Autogire Engin à hélice dont la portance est procurée non par une aile, mais par un rotor libre.

Avion de reconnaissance Avion destiné à prendre des photographies ou a effectuer des mesures afin de préparer une attaque aérienne ou terrestre.

Ballon Plus-léger-que-l'air démuni de moteur et de sufaces de contrôle.

Biplan Avion muni de deux ailes superposées.

Buffeting Vibrations apparaissant dans certaines situations de vol et en particulier à l'approche du mur du son. Elles peuvent entraîner la perte de contrôle de l'avion ou la destruction d'une gouverne.

Catapulte Dispositif à vapeur servant à projeter vers l'avant un avion au décollage sur un porte-avions. Il peut ainsi prendre sa vitesse sur une très courte distance.

Cockpit Terme anglais équivalent à poste de pilotage.

Décrochage Phénomène se produisant lorsqu'un avion perd toute portance par manque de vitesse ou incidence trop forte.

Dérive Partie verticale fixe de l'empennage contribuant à maintenir l'avion en vol rectiligne.

Dièdre Angle que fait verticalement l'aile avec le fuselage. Un dièdre de quelques degrés augmente beaucoup la stabilité d'un avion.

Dirigeable Plus-léger-que-l'air propulsé par un ou plusieurs moteurs et muni de gouvernes.

Fuselage Partie centrale de l'avion dans laquelle les passagers prennent place.

Gouverne de profondeur Suface mobile horizontale située à l'arrière de l'avion.

Gouverne de symétrie Surface mobile verticale située à l'arrière de la dérive. Elle permet de corriger le dérapage de l'avion en virage.

Hélice Ensemble formé de pales profilées transformant la puissance d'un moteur en poussée. Une hélice peut être bipale, tripale ou quadripale.

Hélicoptère Appareil capable de se mouvoir dans toutes le directions et de faire du sur-place. Il est dépourvu d'ailes et équipé d'un rotor.

Hydravion Avion muni d'une coupe ventrale ou de flotteurs et pouvant se poser sur l'eau.

Incidence Angle que fait une aile avec le flux de l'air.

Jetstream Vent très violent (plus de 160km/h) soufflant parfois à très haute altitude.

Lacet Mouvement caractérisé par l'orientation du nez de l'appareil latéralement vers la droite ou la gauche.

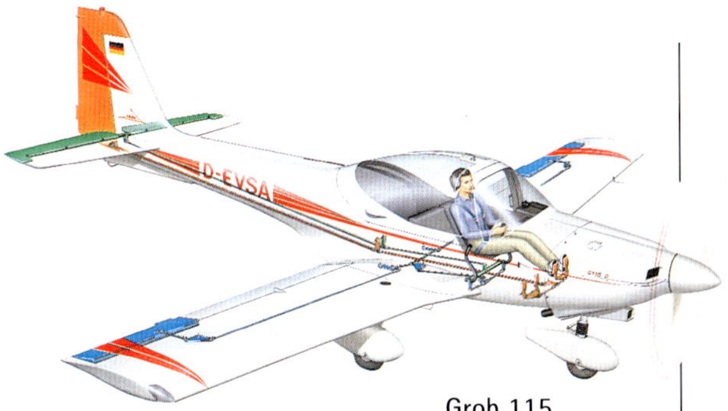

Grob 115

Mach Unité de mesure des grandes vitesses. Mach 1 est égal à la vitesse du son.

Monoplan Avion dont la voilure est composée d'une seule aile (par opposition à un biplan ou un triplan).

Missile à guidage infra-rouge Fusée munie d'une charge explosive qui, lancée depuis un avion ou le sol, se dirige automatiquement vers une source de chaleur importante comme la tuyère d'un réacteur.

Mur du son Barrière symbolique, invisible, fournie par les ondes que rencontre un avion dépassant la vitesse du son.

Nacelle Sorte de grand panier en osier accroché sous un ballon dans lequel montent les passagers. Désigne également la cabine accrochée sous l'enveloppe d'un dirigeable.

Navette spatiale Avion fusée destiné à lancer des satellites et qui a la particularité d'être réutilisable.

Orbite Trajectoire approximativement circulaire que décrit un satellite autour de la Terre.

Pilote automatique Système gyroscopique et électronique maintenant automatiquement un avion dans une attitude de vol programmé par le pilote.

Planeur Avion dépourvu de moteur et utilisant les courants d'air ascendants pour prendre de l'altitude après avoir été largué à une altitude de 600 m environ.

Portance Force créée par l'écoulement de l'air sur le profil d'une aile.

Radar Mot formé à partir des initiales d'un terme anglais désignant un système de repérage des avions par ondes radio.

Roulis Mouvement de l'avion caractérisé par l'inclinaison de l'aile.

Siège éjectable Siège de pilote équipé d'une fusée à poudre. Il permet une évacuation rapide d'un avion de chasse volant à grande vitesse en cas de danger.

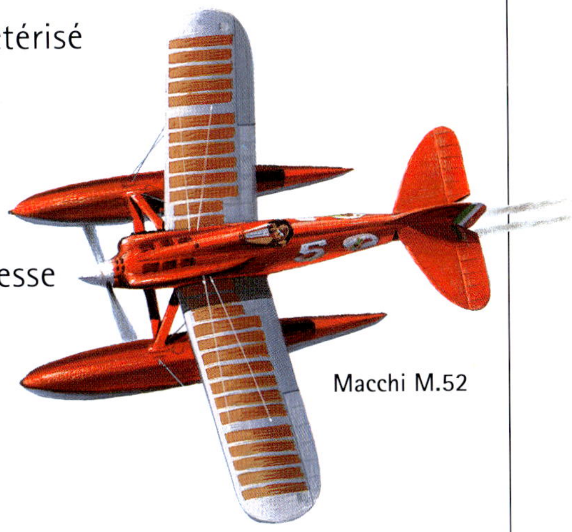

Macchi M.52

Tangage Mouvement décrit par l'avion lorsque son nez pointe vers le sol ou vers le ciel.

Taux de chute Rapidité à laquelle un avion perd de la hauteur (s'exprime en m/s)

DC.3

Traînée Désigne la force de résistance produite par la forme de l'avion en rencontrant le flux d'air. On cherche en général à la réduire le plus possible.

Vitesse du son Vitesse à laquelle une onde sonore se déplace dans l'air, soit 1 060 km/h.

Lézard volant

Vitesse subsonique Vitesse inférieure à la vitesse du son.

Vitesse supersonique Vitesse supérieure à la vitesse du son.

Vitesse transsonique Vitesse proche de la vitesse du son.

Vol d'initiation Promenade en avion que propose la plupart des aéro-clubs, permettant de découvrir le paysage et les joies de l'avion léger.

Volets Surfaces mobiles articulées se déployant sous les ailes afin d'augmenter la portance à basse vitesse.

Hydravion

Index

Crédits photographiques

(h = haut, b = bas, g = gauche, d = droite, c = centre, F = fond, C = couverture, D = dos)

Air Portraits, 48hd AKG. Berlin, 6cg, 18bg. Auckland Museum, 16bd. Auscape, 8hd (Hans et Judy Beste), 10bg, 11hd, 63bd (J.P. Ferrero). Austral International, 20hg, 21h, 42c,62hg (L'Illustration/Sygma), 24hd (Rex Feature Ltd), 52bg (R. Richards/Liaison/Gamma), 48bg (P. Schofield/Shooting Star). Australian Geographic, 19bg (Courtesy P. Smith). Australian Picture Library, 56h, 42b (ACME/Bettmann), 22bd, 62bg (Bettmann), 17hd (B. Desestres/Agence Vandystadt), 33bg (G. Hall), 29bd, 30bg (UPI/Bettmann). Boeing, 35hg, 58hd, 58bg. Check Six, 31bd, 33bd (M. Fizer), 34hd, 50c, 54hd (G. Hall), 43hd (R. Neville), 48cd (J. Towers). CSIRO, *Division of Plant Industry*, 12bd. Budd Davisson, 28hg Chris Elfes, 16/17c. FAA Oceanic Programme, 46cd. Enrico Ferorelli, 15bg. Werner Forman Archive, 14hg, 62hg (Denpasar Museum). The Granger Collection, 14bg, 15hd, 15bd, 25cd, 26hg. Terry Gwynn-Jones, 7hg, 23hg, 25bd, 26hd, 40hd, 44c, 49hg (Royal Flying Doctor Service). The Image Bank, 36c (T. Bieber), 36hd (S. Proehl). Image Select, 21cd (Ann Ronan Picture Library). Imax Corporation, 13bd. International Photo Library, 52g. Lockheed, 50bd. NASA, 56hg, 56cg, 56bd, 59cd. NIPA (??), 8g (G. I. Bernard), 12hg, 13hd, 62cg (S. Dalton). North Wind Picture Archives, 15cd.. Oxford Scientific Films, 10hg (S. Osolinski). The Photo Library, Sydney, 8cg (J. Burgess / SPL), 56hd (J. Fitzgerald), 57hg (GEOSPACE / SPL), 63cd (D. N. Green), 27cd, 56hd (Hulton-Deutsch), 35hd (J. King-Holmes / SPL), 46hg (P. Poulides / TSI), 56hd, 56c, 56hg, 56/57c (SPL / NASA). Quadrant, 44cd, 46cg, 46bd, 28bg, 29hd, 42h, 44cg (Flight). Robert Harding Picture Library, 56cd. Royal Aeronautical Society, 19c, 43cd. Phil Schofield, 41bd. Science et Society Picture Library, 17bg, 21bd, 31hd, 42hg (The Science Museum). SEXTANT Avionique, 53cd. Smithsonian Institution, 23d (Photo n° A42363C), 23bd (Photo n° A4943), 25cg (Photo n° 75-12199), 25hd (Photo n_ 89-923), 26c (Photo n° 79-763), 29cd (Photo n° 93-5512), 30c (Photo n° 77-11329), 40bg (Photo n° 72-7669). Topham Picture Source, 27hd. TRH Pictures, 38hd (US Navy) 56hg (NASA). Visions, 27hg (M. Greenberg).

Illustrations

Christer Ericksson, 18-19c, 48-49. Alan Ewart, FCbg, 34-35. Greg Gillespie, 14-15. Mike Gorman, 11d. Terry Hadler, 2-3b, 5bd, 54-55. Langdon G. Halls, FChd, BCbd, 7bd, 23b, 23hd, 30-31, 32-33, 50-51, 52-53b, 53hd, 63hd, David Kirshner, FChl, 4hg, 4-5 and b, 6-7c, 6hg, 7cd, 8-9, 10-11, 11b, 13c Mike Lamble, 39d, 27bd, 59h Alex Lavroff, 5h, 52-53 Kent Leech, 38-39, 39h Ulrich Lehmann, 43-46 Oliver Rennert, 36-37 John Richards, 5d, 20-21, 24–25, 28-29, 63hd, Trevor Ruth, 1, 4bg, 22-23, 12-13, 58-59 Steve Seymour, 2hg, 42-43, 40-41 Ray Sim, 26-27b Steve Trevaskis, icons, 6bd, 7bg, 16-17, 19bd, Ross Watton/Garden Studio, 57hd, 57cd, 62bg Rod Westblade, 35c, 56h, 60-61, endpapers.

Couverture

Air Portraits BCtl. Australian Picture Library Bg (ZEFA). Alan Ewart FCbl. Langdon G. Halls FCtr, BCbr. David Kirschner FCtl, FCc. NHPA FCcl (G. I. Bernard). John Richards FCcr. Steve Seymour FCbr.